白鹤滩水电站库水剧动期库岸滑坡动态识别

冯文凯　易小宇　吴明堂　戴可人　董秀军　等　著

中国水利水电出版社
www.waterpub.com.cn
·北京·

内 容 提 要

本书是研究西部复杂地质背景区水电工程库水剧烈变动条件下库岸重大滑坡识别方法和关键技术的系统性论著。全书分析了大型水库库水剧动期库岸滑坡演化特征、识别需求和技术瓶颈，提出了利用"地质预测＋形变探测"技术体系动态识别库水剧动期库岸滑坡。首先，利用矩阵预测模型对库水剧动期库岸滑坡的空间概率进行地质预测，提前锁定库岸滑坡高概率区，做到"提前预测"；其次，基于 D-InSAR 技术的岸坡形变区快速识别方法，开展高频次广域星载 SAR 干涉测量，及时发现形变区和形变前兆，做到"快速识别"；最后，针对高山峡谷水库区重点形变区开展无人机航摄和形变分析，进一步精确判识和分析地表形变，做到"精细查证"。

本书可供地质灾害防治、水利水电工程、工程地质、岩土工程、城镇建设和内河航运等领域的科研和工程技术人员参考，也可供有关院校教师和研究生参考使用。

图书在版编目（ＣＩＰ）数据

白鹤滩水电站库水剧动期库岸滑坡动态识别 / 冯文凯等著. -- 北京：中国水利水电出版社，2024.6
ISBN 978-7-5226-2108-1

Ⅰ. ①白… Ⅱ. ①冯… Ⅲ. ①水力发电站－水库－滑坡－识别 Ⅳ. ①TV697.3

中国国家版本馆CIP数据核字(2024)第091963号

书　　名	白鹤滩水电站库水剧动期库岸滑坡动态识别 BAIHETAN SHUIDIANZHAN KU SHUI JUDONGQI KU' AN HUAPO DONGTAI SHIBIE
作　　者	冯文凯　易小宇　吴明堂　戴可人　董秀军　等 著
出版发行	中国水利水电出版社 （北京市海淀区玉渊潭南路 1 号 D 座　100038） 网址：www.waterpub.com.cn E-mail：sales@mwr.gov.cn 电话：（010）68545888（营销中心）
经　　售	北京科水图书销售有限公司 电话：（010）68545874、63202643 全国各地新华书店和相关出版物销售网点
排　　版	中国水利水电出版社微机排版中心
印　　刷	清淞永业（天津）印刷有限公司
规　　格	184mm×260mm　16 开本　13.75 印张　335 千字
版　　次	2024 年 6 月第 1 版　2024 年 6 月第 1 次印刷
定　　价	**98.00** 元

前　言

　　在大型水库试验性蓄水期，库区水位从原始河道水位在短时间内急剧上升数百米至目标蓄水位。蓄水导致的库岸地质环境和地下水位的急剧变化，将触发新生滑坡发生或加剧古（老）滑坡变形。在大型水库首次试验性蓄水的库水剧动期，除了需要关注蓄水前已经识别的库岸滑坡，还需要重视蓄水导致的新生库岸滑坡。这类新生库岸滑坡在蓄水前斜坡可能处于初始蠕变阶段，没有发生变形或变形极其轻微，因而不会被 InSAR 技术捕捉，也没有任何可供提前识别的遥感解译标志。蓄水作用使得这类斜坡进入时效变形阶段或累计破坏阶段，它们在蓄水期的稳定性受物质组成、斜坡结构、临空条件和库水作用的影响显著，只能从地质环境条件入手，融合遥感技术开展动态识别工作。

　　鉴于此，成都理工大学与浙江华东岩土勘察设计研究院有限公司联合研究团队抓住白鹤滩水电站蓄水发电契机，开展了"白鹤滩水电站库水剧动期库岸滑坡动态识别"研究课题，本书正是在此基础上撰写完成的。通过实践研究，提出了利用"地质预测＋形变探测"的技术方法动态识别库水剧动期库岸滑坡。首先，从地质机理角度提出利用"易发性＋稳定性"的矩阵预测模型对库水剧动期库岸滑坡空间概率进行预测分析，提前锁定库岸滑坡高概率区，做到"提前预测"使得遥感探测更具针对性；然后，提出基于 D-InSAR 技术的岸坡形变区快速识别方法，有效消除蓄水期大气效应并伴随蓄水过程开展高频次广域星载 SAR 干涉测量，智能化发现形变区和形变前兆，做到"快速识别"；最后，针对高山峡谷水库区重点形变区开展无人机航摄和形变分析，进一步精确判识地表形变特征，做到"精细查证"。

　　本书共 7 章：第 1 章阐述了本书的研究背景、研究现状和研究需求，总结了本书的主要研究内容和特色；第 2 章总结阐述了研究区的地质环境条件；第 3 章论述了蓄水前库岸滑坡综合遥感识别技术方法；第 4 章论述了蓄水效应下库岸滑坡地质预测方法；第 5 章论述了基于 D-InSAR 的库岸形变区快速识别方法；第 6 章论述了基于无人机遥感的精细形变识别分析方法；第 7 章阐述了白鹤滩库区库岸滑坡早期识别典型案例。

本书撰写分工如下：第 1 章由冯文凯、易小宇撰写；第 2 章由薛正海、吴明堂撰写；第 3 章由易小宇、董秀军和顿佳伟撰写；第 4 章由冯文凯、薛正海和易小宇撰写；第 5 章由戴可人、沈月和吴明堂撰写；第 6 章由董秀军、邓博和吴明堂撰写；第 7 章由冯文凯、易小宇和薛正海撰写。全书由冯文凯统稿。

本书相关研究工作得到了国家自然科学基金项目（41977252、41801391）、四川省科技计划项目（2023NSFSC0376、2023NSFJQ0167）、高原山地地质灾害预报预警与生态保护修复重点实验室开放课题（YNGGR2023 - 02）和浙江华东岩土勘查设计研究院有限公司科研项目（KY2020 - HDJS - 19）资助，在此表示感谢。本书相关内容的研究过程得到了中国长江三峡集团有限公司和中国电建集团华东勘测设计研究院有限公司等单位的大力支持，在此一并深致谢意。

鉴于作者学识水平有限，书中错误在所难免，不足之处恳请读者批评指正。

作者

2023 年 6 月

目　录

前言

第1章　绪论 ……………………………………………………………… 1

　　1.1　研究背景 ……………………………………………………… 1

　　1.2　国内外研究现状与发展趋势 ………………………………… 2

　　1.3　库水剧动期库岸滑坡识别的挑战与动态识别策略 ………… 10

　　1.4　本书主要研究内容与特色 …………………………………… 11

第2章　白鹤滩库区地质环境背景 …………………………………… 13

　　2.1　自然地理 ……………………………………………………… 13

　　2.2　气象水文 ……………………………………………………… 14

　　2.3　区域地质构造 ………………………………………………… 15

　　2.4　地层岩性 ……………………………………………………… 16

　　2.5　新构造运动与地震 …………………………………………… 20

　　2.6　水文地质条件 ………………………………………………… 21

　　2.7　人类工程活动 ………………………………………………… 22

第3章　蓄水前库岸滑坡综合遥感识别方法 ………………………… 23

　　3.1　基于InSAR技术的活动性滑坡识别 ………………………… 23

　　3.2　历史变形滑坡光学遥感识别 ………………………………… 44

　　3.3　库岸滑坡综合遥感识别成效分析 …………………………… 51

第4章　蓄水效应下库岸滑坡地质预测方法 ………………………… 58

　　4.1　基于滑坡易发性评价的蓄水库岸滑坡预测 ………………… 58

　　4.2　基于区域稳定性评价的蓄水库岸滑坡预测 ………………… 69

　　4.3　基于矩阵模型的蓄水库岸滑坡预测 ………………………… 78

　　4.4　库岸滑坡预测结果分析 ……………………………………… 82

第5章　基于D-InSAR的库岸形变区快速识别方法 ………………… 98

　　5.1　SAR数据云端自动下载方法 ………………………………… 98

　　5.2　D-InSAR自动处理 …………………………………………… 102

    5.3   大气效应精细改正方法 ·· 109

    5.4   基于 D-InSAR 形变区快速识别 ································ 133

第 6 章   基于无人机遥感的精细形变识别分析方法 ················· 141

    6.1   无人机数据获取技术研究 ·· 141

    6.2   基于多期次无人机数据的对比监测方法研究 ············· 148

    6.3   基于无人机数据的地表裂缝自动识别与分析技术 ······· 159

第 7 章   白鹤滩库区库岸滑坡早期识别典型案例 ··················· 182

    7.1   古老滑坡复活型——王家山滑坡 ······························· 182

    7.2   风化碎裂滑移型——五里坡滑坡 ······························· 189

    7.3   基覆界面滑移型——沈家沟滑坡 ······························· 195

    7.4   软弱基座型——下小米地滑坡 ·································· 203

参考文献 ··· 208

第1章

绪　　论

1.1　研究背景

　　水库蓄水后，因地质环境变化而导致库岸斜坡岩土体的物理化学性质与水动力等条件变化是加剧或新生库岸地质灾害的主要原因。水库蓄水前，高山峡谷水库区岸坡岩土体历经了长期的江河水流作用，基本处于动态平衡状态，并形成与之相适应的稳定坡形。随着水电站下闸蓄水，蓄水位将在短时间内急剧上升数百米，达到岸坡在相当长时间内不受江河水流影响的地带。由软弱岩体、时效变形体、古滑坡以及各类松散堆积层组成的库岸斜坡，在蓄水位剧动条件下将不同程度地产生侵蚀、塌岸和滑坡等库岸再造变形，带来极大的安全风险。三峡库区滑坡事件的统计表明（图 1.1.1），在库水位首次抬升到 155m（2006 年 10 月）和 175m（2008 年 9 月）期间，月滑坡事件的数量显著增加，而后在正常蓄水期则呈现波动下降趋势。因此，大型山区水库库水位剧动期库岸滑坡的早期识别在水库地质灾害全生命周期管理中显得尤为重要。

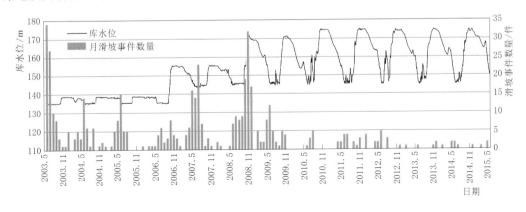

图 1.1.1　三峡库区蓄水以来水位波动与滑坡事件数量

为解决地质灾害早期识别难题,光学卫星遥感、合成孔径干涉雷达测量(interferometric synthetic aperture radar,InSAR)、无人机航摄和机载 LiDAR(light – laser detection and ranging)等技术被推广应用于地质灾害早期识别,取得了一系列的成果。这些技术针对不同环境下的地质灾害识别需求,共同构成了多层次、多时序和多源数据的地质灾害早期识别体系。然而,在高山峡谷水库库水剧动期的库岸滑坡早期识别的实际应用过程中,依然存在两个关键技术瓶颈:①大范围复杂环境条件下,单一手段的技术局限性导致隐患识别遗漏,精细早期识别的融合度不够;②大型库区库水剧动条件下库岸滑坡往往呈现高发、突发和新发的特点,单纯依靠遥感技术开展识别工作针对性不强、时效性不强,难以满足复杂环境变化驱动的突发滑坡识别需求。面对库水剧动期库岸地质灾害早期识别的技术难题,迫切需要建立具有针对性的库水剧动期库岸滑坡早期识别方法体系。

2021 年 4 月,仅次于三峡水电站的我国第二大水电站——白鹤滩水电站下闸蓄水。首次蓄水期库区水位由 660m 快速上升至 816m,在三四个月时间内库水上升高度达 156m。因此以白鹤滩库区首次蓄水为契机,以白鹤滩水电站野猪塘—象鼻岭段为主要研究区,开展了高山峡谷库区库水剧动期库岸滑坡动态识别研究与实践工作,为包括白鹤滩库区在内的高山峡谷库区地质灾害早期识别探索有益经验。本书研究内容既紧密围绕我国大型水利水电工程地质灾害防治的实际需求,又紧扣地质灾害防治学科前沿,面向重大工程建设需求,具有重要的科学意义和显著的工程应用价值。

1.2 国内外研究现状与发展趋势

1.2.1 首次蓄水期库岸滑坡类型与演化模式

结合三峡、溪洛渡、毛尔盖和紫坪铺等 10 余座西部水库的研究,在水库早期的试验性蓄水阶段,根据滑动面特征、变形体成因等因素,在首次蓄水期发生的库岸滑坡可进一步细分为古(老)滑坡复活型、深厚堆积层浅表部蠕滑型、沿基覆界面蠕滑型、岩质顺层滑移型、风化碎裂滑移型和软弱基座型 6 个亚类。

(1)古(老)滑坡复活型。水库蓄水前,古(老)滑坡一般处于稳定或者基本稳定状态。水库蓄水后,由于库水的浸润软化效应和水位涨落作用,坡体沿最大剪应力作用面或者古(老)滑动面向临空方向发生持续蠕滑变形,直至整体失稳。发生在白鹤滩库区试验性蓄水期的王家山滑坡、毛尔盖库区毛尔盖河大桥上游滑坡、宝珠寺水库东山村八社滑坡等为此种类型,其典型案例如图 1.2.1 所示。

(2)深厚堆积层浅表部蠕滑型。该类型发育于各种厚层堆积体中,由于外界条件的改变,导致岸坡体物质沿着潜在滑动面发生向河流方向的整体失稳,形成滑坡,总体为蠕滑-拉裂型。发生在溪洛渡库区黄坪村滑坡,锦屏水电站岔罗沟杨家 2 号滑坡、胡家梁子滑坡,毛尔盖库区力里滑坡、二木林六组变形体、热里村滑坡等为此种类型,其演化模式如图 1.2.2 所示。

(3)沿基覆界面蠕滑型。沿基覆界面滑移型是指基岩上覆厚层堆积体在外部营力作用

图 1.2.1 毛尔盖库区毛尔盖河大桥上游滑坡

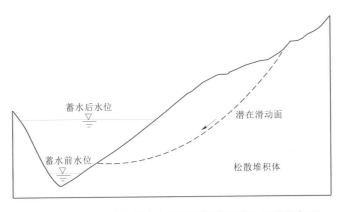

图 1.2.2 深厚堆积层浅表部蠕滑型滑坡演化模式示意图

下，沿着基覆界面发生整体性滑动的岸坡破坏形式。发生这种模式的滑坡一般具有明显的基覆界面，并且在库水作用下易发生润滑、软化，前缘临空或坡体前缘被掏蚀，导致坡体下滑力大于抗滑力，最终失稳。瀑布沟水电站桂贤滑坡、马家沟滑坡，锦屏水电站水文站滑坡、二罗沟滑坡，毛尔盖库区热里村二组蠕滑体等为此种类型，总体也属蠕滑-拉裂型，其演化模式如图 1.2.3 所示。

（4）岩质顺层滑移型。岩质顺层滑移型指由于库水作用，顺层岩质斜坡沿软弱结构面发生滑移变形，如果前缘临空条件较好，潜在滑移面裸露，滑坡顺层滑移解体，多属于滑移-拉裂型。如果滑移面未临空而受阻，在顺层滑移方向的压应力作用下滑体中下部易发生弯曲变形，尤其是薄层状岩体，从而形成滑移-弯曲型滑坡。变角倾外的顺层斜坡发生滑移破坏最多。如发生于三峡库区试验性蓄水期的千将坪滑坡、树坪滑坡、木鱼包滑坡等均属此类，岩质顺层滑移型滑坡的演化模式如图 1.2.4 所示。

（5）风化碎裂滑移型。风化碎裂滑移型是指基岩上碎裂风化岩体，在库水作用下沿着风化

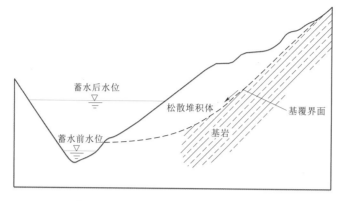

图 1.2.3 沿基覆界面蠕滑型滑坡演化模式示意图

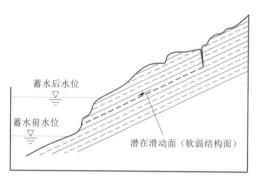

（a）顺层滑移型

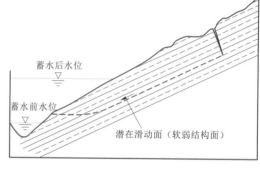

（b）滑移弯曲型

图 1.2.4 岩质顺层滑移型滑坡演化模式示意图

面发生整体性滑动的岸坡破坏形式。发生这种模式的滑坡一般发育于软硬相间的反倾岸坡中，前缘临空或坡体前缘被掏蚀，导致坡体下滑力大于抗滑力，其地质力学模式主要为压缩（弯曲）-拉裂-滑移-溃散式。三峡库区龚家方滑坡为此种类型，其演化模式如图 1.2.5 所示。

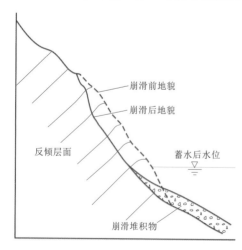

图 1.2.5 风化碎裂滑移型滑坡
演化模式示意图

（6）软弱基座型。软弱基座型斜坡具有上硬下软的结构特征，斜坡结构类型多为平缓层状结构，岩体上硬下软。上部硬岩自重作用引起下部软岩的不均匀压缩变形，进而导致斜坡产生拉裂、解体、崩塌或滑坡。其变形破坏机制多表现为侧向扩离-滑移-拉裂-剪断式破坏形式，在西南山区和三峡库区尤为常见，如周界德隆滑坡、罐滩滑坡和溪口滑坡等。

根据对大型水库区典型库岸滑坡案例的分析，首蓄期库水作用下滑坡变形破坏发展模式总体为蠕滑-拉裂式，运动方式为牵引式，大致可以分为以下 3 个阶段（图 1.2.6）：

（1）蠕滑-失稳破坏（近水塌岸破坏）。如图 1.2.6（a）所示，在蓄水初期，受库水作用影响，库水淹没高程段岩土体物理力学性质发生明显变化，在此情况下逐渐朝着临空方向发生蠕滑变形，直至失稳破坏。这一阶段变形破坏往往规模相对较小，且集中在斜坡坡脚近水区，以塌岸破坏形式出现。破坏发生后，在坡体前缘则形成良好的临空条件，这成为下一阶段破坏发展的潜在形变基础。

（2）蠕滑-拉裂变形。如图1.2.6（b）所示，随着牵引形变破坏的发生，临空面的形成为坡体中后缘的持续蠕滑变形提供条件，导致在重力下滑分力作用下坡体向临空方向发生进一步蠕滑变形，进而产生拉裂缝。这类变形裂缝由坡体中部向后缘逐渐减弱发展，越靠前裂缝发育密度越大。由于坡体内部潜在滑动面尚未贯通，故而这一阶段的变形破坏仍以蠕滑变形为主，形变量也将随着时间发展而逐渐增大。

（3）滑动破坏。如图1.2.6（c）所示，当牵引形变量发展到一定程度后，坡体内部原始结构发生严重损伤破坏，进而导致岩土体力学强度无法维持斜坡整体稳定性。此时，在坡体内部将沿薄弱部位逐渐剪断，形成贯通滑动面，在重力作用下变形体沿滑动面加速运动而形成滑坡灾害。

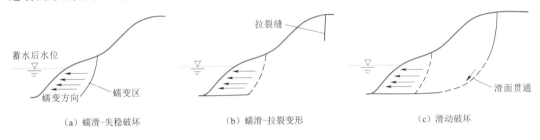

（a）蠕滑-失稳破坏　　　　　（b）蠕滑-拉裂变形　　　　　（c）滑动破坏

图1.2.6　滑坡发展演化模式图

1.2.2　基于遥感技术的地质灾害识别方法

我国山地丘陵区约占国土面积的65%，地质条件复杂，构造活动频繁，崩塌、滑坡、泥石流等突发性地质灾害点多面广、防范难度大，是世界上地质灾害最严重、受威胁人口最多的国家之一。通过多轮地质灾害详细调查和隐患排查，发现了近30万处地质灾害隐患点。但对近年来突发地质灾害事件统计发现，这些导致灾难性后果的地质灾害70%以上都不在已知的隐患点数据库中，其主要原因在于灾害源区地处大山中上部，多数区域人迹罕至，且被植被覆盖，具有高位、隐蔽性、突发性特点，传统的人工排查和群测群防在此类灾害面前已无能为力，传统手段很难提前发现此类灾害隐患。因此，如何提前发现和有效识别出重大地质灾害的潜在隐患并加以主动防控，已成为近年来地质灾害防治领域集中关注的焦点和难点。

以成都理工大学许强等（2019）为代表的科研团队提出通过构建天-空-地一体化的"三查"体系进行重大地质灾害的早期识别，再通过专业监测，在掌握地质灾害特征和动态发展规律的基础上，进行地质灾害的实时预警预报。为了突破传统人工调查和排查的局限，许强提出可通过构建基于卫星平台（高分辨率光学＋合成孔径雷达干涉测量技术）、航空平台（机载激光雷达测量技术＋无人机摄影测量）、地面平台（斜坡地表和内部观测）的天-空-地一体化的多源立体观测体系（图1.2.7），进行重大地质灾害的早期识别。具体地讲，首先借助于高分辨率的光学影像和 InSAR 识别历史上曾经发生过明显变形破坏和正在变形的区域，实现对重大地质灾害区域性、扫面性的普查；然后，借助于机载 Li-DAR 和无人机航拍，对地质灾害高风险区、隐患集中分布区或重大地质灾害点的地形地貌、地表变形破坏迹象乃至岩体结构等进行详细调查，实现对重大地质灾害的详查；最后，通过地面调查复核以及地表和斜坡内部的观测，甄别并确认或排除普查和详查结果，实现对重大地质灾害的核查。地质灾害识别的"三查"体系类似于医学上大病检查和确诊过程，先通过全面体检筛查出大病患者，再通过详细检查和临床诊断，确诊或排除病患。值得强调的是，无论采用的技术如何先进，获得的观测数据有多么好，最终还得依靠地质工作者对这些多源观测数据和专业解译分析结果进行综合研判，现场调查复核，进行最终的确认或否定。

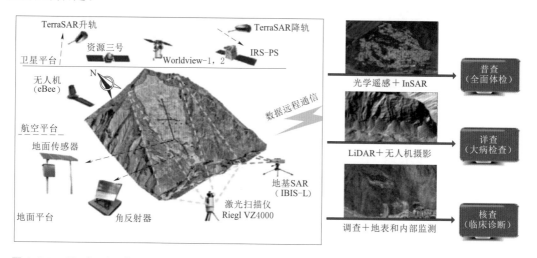

图 1.2.7　天−空−地一体化的多源立体观测体系与地质灾害早期识别的"三查"体系（许强等，2019）

此后，众多研究者应用 InSAR 技术、光学遥感、航空或无人机 LiDAR 等遥感手段陆续在四川、重庆、贵州等地区（含三峡地区）开展了地质灾害早期识别的应用探索。中国地质调查局葛大庆等（2019）指出，重大地质灾害早期识别中的综合遥感应用主要体现在解决形态、形变和形势的调查与判断方面。在技术手段上，利用高分辨率光学遥感与 Li-DAR 测量模式进行灾害体的广义形态调查，研究灾害形成和发育的地质背景、三维形态、地表覆被变化以揭示潜在的成灾状况；利用不同入射角、不同分辨率的 InSAR 监测获取斜坡等地质体地表变形状态，判别灾害体的滑移规模、活动阶段和发展趋势；综合长时间序列 InSAR、地面原位测量数据、地质背景资料等，对成灾状况、当前变形状况、潜在发展趋势与致灾形势进行评判，是当前面向重大地质灾害早期有效识别的关键所在。对照"三查"隐患识别的工作层次，从形态、形变到形势的"三形"调查是遥感观测意义上进行地质灾害早期识别的关键测量对象。

1.2.2.1　基于高精度光学遥感的地质灾害识别

卫星光学遥感技术因其具有时效性好、宏观性强、信息丰富等特点，已成为重大自然灾害调查分析和灾情评估的一种重要技术手段。早在 20 世纪 70 年代，Landsat（分辨率30～80m）、SPOT（10～20m）等中等分辨率光学卫星影像便被用于地质灾害探测分析。

但由于影像分辨率不高，主要是进行地层岩性、植被差异、土壤湿度等地质灾害成灾背景信息的提取，而很少用于单体地质灾害的识别。20世纪80年代，黑白航空影像被用于单体地质灾害的探测（Marcolongo et al.，1986）。得益于影像分辨率的提高和立体相对观测技术的应用，单体地质灾害的运动类型、活动性、滑动厚度等信息可以利用光学遥感影像进行提取（Mantovani et al.，1996）。20世纪90年代以后，Ikonos（1.0m）、Quick-bird（0.60m）等高分辨率卫星影像便被广泛用于地质灾害的探测与监测（Hölbling et al.，2012；Othman et al.，2013）。

目前，遥感技术正朝着高分辨率（商业卫星分辨率最高为 Worldview - 3/4 0.3m）、高光谱分辨率（波段数可达数百个）、高时间分辨率（Planet 高分辨率小卫星影像的重返周期可以小于1天）方向发展。光学遥感技术在地质灾害研究中的应用逐渐从单一的遥感资料向多时相、多数据源的复合分析，从静态地质灾害识别、形态分析向地质灾害变形动态监测过渡，从对地质灾害的定性调查向计算机辅助的定量分析过渡（石菊松等，2008）。光学遥感技术在地质灾害研究中具有广泛的应用前景。

但目前阶段，国内在地质灾害遥感的理论和实践中，由于受学科交叉、新技术方法的快速发展、地质灾害遥感从业人员专业背景差异等因素影响，存在一些问题和不足，如遥感在地质灾害调查中的作用在被过度夸大的同时其应用潜力和功能没有得到充分发挥；在实际遥感目视解译中过度依赖影像的色彩、纹理、阴影、位置等解译要素，而对地质灾害遥感解译的关键要素或问题认识不清；地质灾害遥感解译片面追求影像的解译标志，数字高程模型（digital elevation model，DEM）数据的利用程度低，对 DEM 与影像的复合分析、3D 可视化等新的技术方法应用较少；缺少对遥感解译地质灾害精度客观的评价方法等（石菊松等，2008）。

1.2.2.2 基于 InSAR 技术的地质灾害识别

早期识别是滑坡灾害预警与防治能力提升的重要前提。已有研究表明，InSAR 技术在灾难性滑坡早期识别、灾害排查及辅助决策方面具有很大潜力。不同于实地安装传感器记录的详细高频数据，InSAR 能够在大区域范围内监测毫米级的地表形变，追溯地表长期微小变形，提供基于面状的滑坡形变特征及时间演化过程（Zhang et al.，2020）。特别是在对高位、集中分布滑坡灾害的排查中，凭借其对活动性滑坡识别的突出优势，使得滑坡调查工作更全面、高效。

InSAR 技术最早用于滑坡监测是在1996年，Fruneau et al.（1996）使用 D - InSAR 技术对某滑坡进行监测，发现其结果与常规离散观测结果相似。为克服失相干、大气效应对 D - InSAR 处理精度及适用范围的限制，Ferretti et al.（2002）提出永久散射体方法，随后首次应用 PS 技术成功地监测了意大利安科纳地区的滑坡形变。Nakano et al.（2016）在日本全境 InSAR 变监测识别中发现，除部分已知火山和地震引起形变外，经调查发现其余识别出的形变地点与已知的大多滑坡区域吻合。Hu et al.（2016）应用新的时间序列 CT（coherent target）方法，对2007—2011年华盛顿广阔森林地带季节性滑坡的时空变化进行探索，使用两个重叠的 L 波段 ALOS - 1 卫星轨道数据进行 InSAR 处理。结果表明，所用方法可识别森林边缘未知的活动性滑坡，并能跟踪其季节性运动。自 Berardino（2002）提出小基线技术以来，可获取的 SAR 影像日益增多，运用时间序列方法来监测地表形变的技术日趋成熟，InSAR 技术已逐渐实现了对单体滑坡的监测。

国内，三峡地区是我国最早从事 InSAR 滑坡灾害监测的试验场（葛大庆，2018），从 1999 年起中国国土资源航空物探遥感中心（AGRS）联合德国地球科学研究中心（GFZ），在新滩、链子崖滑坡开展角反射器 InSAR 滑坡形变监测。此后，TerraSAR - X 等高分辨率及 ALOS - 2 等长波长 SAR 卫星的出现，使滑坡 InSAR 监测技术逐步进入应用阶段，为国内将 InSAR 技术应用于滑坡灾害识别、探测提供了很多前瞻性、基础性研究成果。Shi et al.（2019）在黄河上游李家峡和龙羊峡库区，利用 ALOS PALSAR 和 Sentinel - 1 数据，应用时序 D - InSAR 方法联合分布式散射体（DSs）和永久散射体（PSs）用于探测识别和圈定活动性滑坡，在超过 $222.5 km^2$ 范围内识别出 100 多处滑坡。

InSAR 虽然在滑坡形变监测方面具有常规手段不可替代的功能，但也存在以下问题与挑战：

（1）合成孔径雷达（SAR）是利用电磁波相位相干性原理来解算地表形变，但茂密的植被覆盖和快速大变形（如滑坡产生突发性滑动）都会使前后两期监测数据失去相干性，从而使形变监测能力失效。

（2）卫星雷达发射的电磁波穿过大气层时会导致电离层和对流层延迟，因此在作 SAR 数据分析处理时必须作大气改（校）正。但山区的大气对流往往复杂多变，很容易影响 InSAR 结果的准确性，甚至得到错误的分析结果。

（3）SAR 的斜视成像机制使其在地形复杂山区的几何成像方面存在距离压缩、阴影和叠掩等问题，从而导致某些区域或方向的坡面变形，要么根本就观测不到，要么存在较大误差甚至错误。

（4）在地形起伏较大的区域，地形效应会直接影响解算结果的精度，而地质灾害频发的西部山区一般地形起伏都较大，由此影响 InSAR 的观测精度。基于以上原因，InSAR 在西部地形起伏大、植被覆盖好的山区，其变形观测效果一般并不太好，急需寻求解决方案破解相关难题。

（5）受卫星分辨率的限制，卫星遥感只适用于观测较大面积的目标，对于那些通过人工排查发现的小型地质灾害，尤其是平面投影面积很小的灾害点，将失去其辨识能力。

以上几方面可能是在某些地区 InSAR 识别结果与人工排查结果重合度相对较低的原因。同时，InSAR 数据的分析处理相对较专业，非专业人员的分析处理质量可能会大打折扣。

1.2.2.3　基于无人机技术的地质灾害识别

在一些自然灾害等突发事件处置中，由于危险性、时间性等因素，无人机摄影测量更有着独特的优势。无人机航拍具有精度高、灵活性强、可按需飞行、三维测量等优点，逐渐被用于地表形变监测与地质灾害识别中，成为地质灾害调查评价和应急处置的重要手段和"常客"。通过无人机三维摄影测量可快速获取高分辨率的三维立体影像，既直观形象，可看清相关区域各种地物特征和坡体变形迹象，又可快速形成地形图、量测各种参数（如滑坡的几何尺寸、结构面产状等）。此外，通过不同期次影像数据的差分分析，可圈定变形区，量化各区的动态变化情况，量测滑坡前后各部位地形和体积变化，快速准确计算滑坡方量等。

在 20 世纪 50 年代摄影测量学开始应用到生产实践，随着导航定位技术、传感器技术和计算机技术的发展，无人机航空摄影测量技术得到全面发展，无人机遥感系统机动灵活、影像分辨率高的特点，使得无人机技术在各个领域得到广泛应用，利用无人机影像进行精细化地形建模的技术在不断成熟。无人机航空摄影测量技术为野外获取高精度影像数据打开了一道新的大门，在 2008 年四川汶川地震后，周洁萍等（2008）、曾涛等（2009）、王青山（2010）、臧克等（2010）利用无人机迅速参与到了灾害调查与评估工作中，使用无人机对灾区进行了无人机航拍，获取到了灾区的一手影像数据，为汶川地震救灾、灾害情况评价以及灾后次生灾害预防提供了数据和技术支持。彭大雷等（2017）使用无人机低空摄影测量对甘肃黑方台黄土滑坡进行了调查，表明无人机摄影测量技术在滑坡发育特征、滑坡变形迹象和成灾过程监测方面具有很好的应用前景，Niethammer et al.（2012）利用无人机影像数据，对滑坡进行填图；何敬等（2017）通过对目标区域进行无人机航拍，生成了实验区高精度的正射影像、点云数据和数字三维模型，验证了无人机在高山峡谷地区进行地质灾害调查的可行性。

无人机摄影测量技术已较为普遍地应用于地质灾害正射影像获取，大比例尺地形图测制，三维实景建模、展示等方面，然而在地质灾害信息提取、分析、变形监测等方面的关键技术尚需大量研究工作。虽然无人机光学遥感克服了卫星光学遥感的诸多问题，有着使用灵活、机动性强的特点，但对于植被覆盖率高的地区，其仍难以透过植被获得地面的损伤。为此，可以采用 LiDAR 技术剔除植被影响获取真实地面信息，为植被覆盖山区地质灾害隐患识别提供了新的解决方案，尤其是能够发现历史上的古老滑坡，或曾经活动过但又没有整体滑动，以及因地震等强烈作用形成的震裂山体。这些受过"损伤"的山体在长期重力或外界因素作用下（如河流侵蚀、强降雨等），都容易重新发生滑坡，因此而成为重大地质灾害隐患点。在欧美、日本等发达国家该技术已大面积应用，我国台湾地区也较早地应用机载 LiDAR 技术进行大区域地形测量和植被覆盖区域灾害识别的研究并取得了显著成效。然而我国大陆地区因多方面的原因在此方面的研究起步较晚，目前仍以科研为主，地质灾害隐患点快速识别的技术路线尚未形成。

机载 LiDAR 的缺点是成本价格昂贵，难以大面积推广使用。利用机载 LiDAR 可获取厘米级分辨率的数字地表模型（digital surface model，DSM）。LiDAR 最独特和实用的功能是植被去除，形成裸露地面的数字地形模型（digital terrain model，DTM）。通过裸露地面可轻易识别山体已有的"损伤"，不仅可在光学影像解译的基础上进一步通过去除植被后的地形地貌特征辨识历史上的古老灾害体、未彻底破坏的变形体、地震导致的震裂山体，以及潜在的不稳定斜坡，同时还可识别规模较大的山体裂缝和松散堆积体，从另一视角发现和识别灾害隐患。但是，机载 LiDAR 必须要用飞机（直升机或专业航测飞机）或载荷量较大的无人机作为作业平台，需要专业技术人员作业，成本价格昂贵，目前还难以在一线地质调查工作中普遍推广使用。

1.3　库水剧动期库岸滑坡识别的挑战与动态识别策略

　　高山峡谷区大型水库首次蓄水期间水位会从原始河道水平迅速上升数百米至预定蓄水位。在水位剧动条件下，由软弱岩体、时效变形体、古滑坡以及各类松散堆积层组成的库岸斜坡将产生不同程度的库岸再造现象，引发严重的滑坡灾害事件。传统上，库区地质灾害的识别主要依赖于光学卫星遥感解译和人工调查，但这些方法在精细化程度和时效性方面，难以满足大范围库区库水剧动期库岸滑坡的动态识别需求。

　　库岸滑坡通常经历"库水作用引发前缘塌岸→坡体渐次蠕滑裂缝显现→规模性滑移失稳"的演化过程。通过捕捉库岸滑坡演化过程的变形迹象，InSAR和低空无人机技术等先进遥感技术可以便捷地识别库岸滑坡隐患。然而，在库区范围广、库水变动快、地质条件复杂的背景下，库水剧动期库岸滑坡呈现高发、突发和新发的特点，简单的多源遥感技术组合难以满足复杂环境变化驱动的库岸滑坡动态识别需求。

　　面对库水剧动期库岸滑坡动态识别需求和突发性滑坡识别难题，将地质理论与遥感技术的优势结合起来，形成库岸滑坡动态识别方法，是解决这一问题的关键。针对地质环境条件复杂的大型库区，从地质灾害的演化过程角度可以对库岸滑坡开展空间预测。然后，针对性地利用遥感技术进行动态形变识别和精细分析，从而形成"地质预测＋形变探测"蓄水剧动期库岸滑坡动态识别方法（图1.3.1）。通过蓄水效应下库岸滑坡空间位置的地质预测可以确定哪些区域在库水作用下更易发生地质灾害，进而缩小和锁定需要重点关注的区域，为后续的形变探测提供指导。

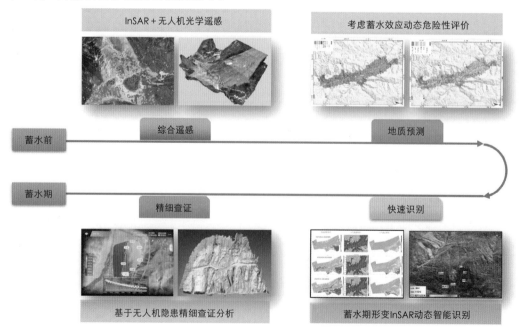

图1.3.1　"地质预测＋形变探测"蓄水剧动期库岸滑坡动态识别方法

　　具体操作中，在库区地质灾害编目（无人机和 InSAR 解译）和地质环境因子分析的基础上，进行蓄水效应下库岸滑坡地质预测研究。通过地质预测，精确确定需要重点关注的区域和水位时间点，然后指导 D-InSAR 等技术快速识别岸坡变形区，并通过无人机智能化精细监测坡体缝隙的宏观变形。通过这种"地质预测＋形变探测"的融合手段，实现在库水位剧动条件下库岸滑坡的动态识别。

1.4　本书主要研究内容与特色

1.4.1　主要研究内容

　　以白鹤滩库区野猪塘—象鼻岭段为研究区，开展蓄水前岸坡滑坡精细化识别研究，探索基于综合遥感技术的库岸滑坡精细化识别技术；开展蓄水期岸坡滑坡精细化智能化早期研究，探索基于"地质＋遥感"的库岸滑坡精细化识别技术，形成"地质预测＋形变探测"蓄水期库岸滑坡动态识别方法。通过对水库滑坡预测无人机精细智能遥感技术和InSAR 精细智能识别技术等关键技术方法的深入研究和实践，结合大型水电工程库岸滑坡防治需求，丰富大型水电工程水库岸坡滑坡的早期识别工作方法及技术体系。主要研究内容如下：

　　（1）蓄水前岸坡滑坡综合遥感识别方法。研究高山峡谷库区利用 InSAR 技术识别活动性库岸滑坡的技术方法，建立基于无人机三维光学遥感影像的非活动性历史变形滑坡识别图谱，分析两种方法在高山峡谷库区滑坡识别中的技术特征，探讨综合 InSAR 和无人机遥感的库岸滑坡识别方法。

　　（2）库水剧动期岸坡滑坡地质预测方法。分析基于数据驱动的易发性模型和基于物理驱动的区域边坡稳定性模型在水库滑坡预测的实效，研究考虑物理机制和数据驱动的库水剧动期库岸滑坡地质预测方法，为基于形变探测的库水剧动期库岸滑坡动态识别提供指导。

　　（3）库水剧动期形变岸坡快速识别方法。利用 SAR 卫星快速重访特点和 D-InSAR 技术的形变快速分析能力，研究利用近实时 SAR 影像数据自动下载和处理方法、大气效应精细化改正方法和形变区快速识别方法，形成库水剧动期形变岸坡 D-InSAR 快速识别方法。

　　（4）库水剧动期岸坡精细形变识别分析方法。针对高山峡谷区地质灾害精细查证的需要，研究斜坡库岸和陡崖库岸精细航摄方法，发展无人机正射影像和三维模型的坡体变形分析方法，建立基于无人机正射影像和点云数据的裂缝自动识别提取方法，形成基于小型无人机精细智能查证关键技术。

1.4.2　主要特色

　　本书针对白鹤滩水电站首次蓄水期开展库岸滑坡早期识别的系统研究，以期为包括白鹤滩水电站工程在内的高山峡谷水库区地质灾害防治提供参考，本书的研究特色可概括如下：

（1）通过开展白鹤滩库区蓄水前库岸地质灾害综合遥感精细化识别工作，提出了 SAR 数据几何畸变融合定量化分析方法，总结了高山峡谷水库区库岸地质灾害无人机遥感解译图谱，形成了高山峡谷水库区库岸地质灾害综合遥感精细化识别方法。

（2）首次集中开展了白鹤滩库区蓄水期库岸地质灾害动态识别研究工作，丰富了大型水库区库岸地质灾害动态危险性评价理论与方法，提出了基于 D－InSAR 技术广域库岸形变区快速智能方法，创新了基于无人机技术的库岸地质灾害精细智能识别技术。

（3）基于白鹤滩库区的蓄水前和蓄水期库岸地质灾害动态识别工作，提出了大型水电工程库岸地质灾害早期"地质预测＋形变探测"动态识别体系，丰富了大型水电工程全生命周期地质灾害早期识别的理论和技术实践。

第 2 章

白鹤滩库区地质环境背景

2.1 自然地理

白鹤滩水电站是目前仅次于三峡水电站的世界第二大水电站，位于四川省凉山彝族自治州宁南县和云南省昭通市巧家县的交界处，其地理坐标为东经 $102°54'16.02''$，北纬 $27°13'10.50''$。白鹤滩水电站是金沙江下游 4 个水电梯级的第二个梯级，其上游距离乌东德水电站约 182km，下游距离溪洛渡水电站约 195km。研究区位于其上游 18～84km 处（图 2.1.1）。

图 2.1.1 白鹤滩水电站及研究区地理位置图

研究区地处于云南省巧家县县城下游 12km（野猪塘）至巧家县蒙姑镇上游 13km（象鼻岭）处，其跨东经 $102°59'31.27''$～$103°4'31.61''$、北纬 $26°28'11.85''$～$27°2'44.42''$，南北长约 67km，研究区左右侧原则上以分水岭为界；宽约 7～14km，其整体呈长条形，总面积约为 583.36km²。研究区内构造发育；人口较为密集，人类工程活动强烈；交通便利，多条省道可通入其内。

2.2 气象水文

研究区位于亚热带与温带共存的高原气候区，地形地貌复杂、相对高差大，不同高程区域温度差异较大。冬季盛行青藏高原南支西风环流，多风少雨，早晚气温差异大；夏季盛行副热带西风，天气晴朗、降雨集中、雨水充沛。气象资料统计结果显示，研究区（巧家县、会泽县、宁南县、会东县）年平均气温约在 18.4℃，极端最高气温约为 43℃，最低气温约为 −1℃。6—9 月为区内的降雨期，占全年总降雨量的 90% 左右，年平均降雨量为 800mm，日最大降雨量约为 110mm。

研究区内主要河流为金沙江、小江、双河和黑水河（图 2.2.1），其中小江、黑水河和双河是金沙江的一级支流。小江位于研究区南部，从蒙姑镇南侧汇入金沙江；双河位于研究区东部，其由以礼河、马树河和柿花河汇集而成，从金塘乡汇入金沙江；黑水河位于研究区西北侧，从葫芦口镇附近汇入金沙江。金沙江以由南到北的流向通过研究区，河谷狭窄，两岸陡峭。年径流主要集中在 5—10 月，占全年径流的 80% 以上。径流的年变化幅度从上游到下游逐渐减小。

图 2.2.1 研究区河流分布图

小江源自云南省寻甸县清水海，近南北流向，由巧家县蒙姑镇以南约 2km 处注入金沙江，距坝址约 89km，全长约 140km，落差约 909m，平均坡降约 6.5‰，流域面积约 3043km²。左岸地形较缓，平均坡度 20°～30°，冲沟较发育，地形凌乱；右岸地形较陡，坡度 30°～40°。谷底平坦，河谷开阔，断面呈 U 形，平水期河流呈辫状在谷底蜿流。

以礼河源自云南省会泽县大牯牛山，总体流向北西，于金塘附近注入双江，距坝址约57km，全长约122km，落差约2000m，平均坡降约16.4‰，流域面积约2558km^2。两岸地形陡峻，坡度30°～50°，局部达50°～60°，河谷狭窄，断面呈V形。

柿花河源自云南省昭通市巧家县药山，总体近南东流向，于金塘附近注入双江，距坝址约52km，全长约50km，落差约1800m，平均坡降约19.8‰。两岸地形陡峻，坡度35°～50°，局部达50°～62°，河谷狭窄，断面呈V形。

马树河源自云南省昭通市巧家县，总体近西南流向，于金塘附近注入双江，距坝址约57km，全长约30km，落差约1500m，平均坡降约28.8‰。两岸地形陡峻，坡度35°～55°，局部达60°～65°，河谷狭窄，断面呈V形。

黑水河源自四川省凉山彝族自治州的昭觉县与喜德县交界处，近南北流向，于宁南县葫芦口镇附近注入金沙江，距坝址约32km，全长约192km。两岸地形陡峻，坡度30°～40°，局部达50°～60°，河谷狭窄，断面呈V形。

2.3 区域地质构造

研究区150km之内发育的区域性断裂带主要有小江断裂带（F_1）、凉山断裂带（F_2）、昭通断裂带（F_3）、则木河断裂带（F_4）、越西断裂带（F_5）、西昌-会理断裂带（F_6）、宁南-会理断裂带（F_7）、莲峰断裂带（F_8）、武定-易门断裂带（F_9）、翻身村断裂带（F_{10}）、会泽断裂带（F_{11}）、寻甸-来宾断裂带（F_{12}）、普渡河-大桥河断裂带（F_{13}）和茂祖断裂带（F_{14}）（图2.3.1）。

而研究区内发育的主要区域性活动断裂带主要有小江断裂带（F_1）、凉山断裂带（F_2）和则木河断裂带（F_4）。在上述3个活动性断裂带中，小江断裂带在研究区内沿着金沙江分布且穿过区内5/6的区域，是对研究区影响最大的断裂带。这3个活动性断裂带基本情况现分述如下：

（1）小江断裂带（F_1）。小江断裂带是滇东地区最重要的强震活动带，其可分为3段，北段北起巧家，南至金沙江、小江流域，经蒙姑至达朵，总长约65km。中部分为西支和东支：西支从达朵北向南经乌龙、苍溪等地，至大松棵、澄江，总长约180km；东支从蒙姑向东南延伸，经东川、寻甸等地，总长约200km。南段从徐家渡和宜良盆地向南延伸。该断层呈辫状，向南穿过华宁、盘溪和建水，止于建水东南部的山花，总长约150km。研究区主要经过小江断裂北段。

（2）凉山断裂带（F_2）。凉山断裂带北起石棉，向东南经越西、普雄、布拖、交际河，止于金沙江边头道沟以北，全长约240km，总体走向SN～N30°W，主断面倾向西，倾角陡。总体分为4段，由北向南依次是石棉-越西断裂、普雄河断裂、布拖断裂、四开-交际河断裂。4段断层段相对独立尚未贯通，显示凉山断裂带演化尚未成熟。除北段外，次级断层段总体呈右阶斜列，阶区宽度5～15km。凉山断裂带新生代早期的活动性质以压性为主，晚第四纪以来则以左旋走滑为主，兼有正断垂直运动。左旋位移使水系有不同量级的左旋位移，地貌上形成断裂槽地，垂直运动形成新的断陷盆地或拉分盆地。研究区

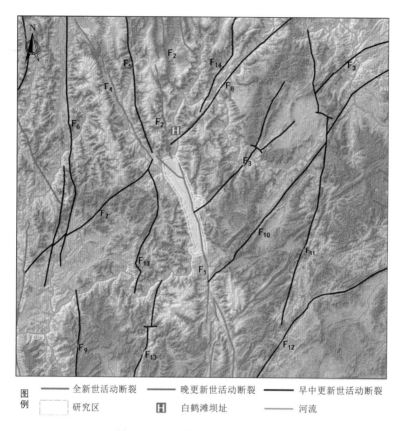

图 2.3.1 研究区区域性断裂带图

主要经过凉山断裂带南段。

（3）则木河断裂带（F_4）。则木河断裂带北起西昌，北接西昌的安宁河断裂，南经普格、宁南，北接巧家的小江断裂，总长约 140km，总体走向 N30°～40°W。则木河断裂带形成于晚古生代，自全新世后其活动强烈。断层崖等断层地貌清晰，沿断裂带形成醒目的串珠状排列的断裂槽地，沿断裂带温泉发育。研究区主要经过则木河断裂带南段。

2.4 地层岩性

2.4.1 地层单元划分

研究区地层发育较全，主要有元古界前震旦系会理群通安组（Pt_2t），元古界震旦系上统灯影组（Z_2d）和下统澄江组（Z_1c），古生界寒武纪下统（ϵ_1）、中统西王庙组（ϵ_2x）和上统二道水组（ϵ_3e），古生界奥陶系中统巧家组（O_2q）和大箐组（O_2d），古生界志留系中统石门坎组（S_2s）和志留系上统（S_3），古生界泥盆系下统（D_1）、中统幺棚子组（D_2y）和上统（D_3），古生界石炭系下统（C_1），古生界二叠系下统梁山组

（P_1l）、下统栖霞-茅口组（P_1q-m）和上统峨眉山组（$P_2\beta$），新生界第四系（Q^{col+dl}、Q^{eld}、Q^{alp}、Q^{al}、Q^{pl}、Q^{del}）。研究区地层如图 2.4.1 所示，属性描述见表 2.4.1。

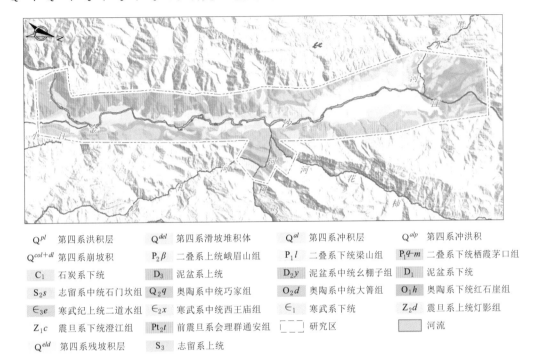

Q^{pl} 第四系洪积层	Q^{del} 第四系滑坡堆积体	Q^{al} 第四系冲积层	Q^{alp} 第四系冲洪积
Q^{col+dl} 第四系崩坡积	$P_2\beta$ 二叠系上统峨眉山组	P_1l 二叠系下统梁山组	P_1q-m 二叠系下统栖霞茅口组
C_1 石炭系下统	D_3 泥盆系上统	D_2y 泥盆系中统幺棚子组	D_1 泥盆系下统
S_2s 志留系中统石门坎组	Q_2q 奥陶系中统巧家组	O_2d 奥陶系中统大箐组	O_1h 奥陶系下统红石崖组
$\in_3e$ 寒武纪上统二道水组	$\in_2x$ 寒武系中统西王庙组	$\in_1$ 寒武系下统	Z_2d 震旦系上统灯影组
Z_1c 震旦系下统澄江组	Pt_2t 前震旦系会理群通安组	└─┘ 研究区	▨ 河流
Q^{eld} 第四系残坡积层	S_3 志留系上统		

图 2.4.1　研究区地层图

表 2.4.1　　　　　　　　　　　　研究区域地层属性表

地层单位			地层代号	厚度 /m	岩性描述
界	系	统	组		

界	系	统	组	地层代号	厚度/m	岩性描述
新生界	第四系			Q^{col+dl} Q^{eld}、Q^{alp} Q^{al}、Q^{pl} Q^{del}	0～ >200	崩坡积：主要由碎块石组成，夹少量土。 残坡积层：主要由碎块石和粉土、黏土组成。 冲洪积：主要由卵砾石、漂石组成，夹砂和粉、黏粒 冲积层：下部为卵砾石，上部为粉细砂和粉、黏土。 洪积：主要由砂卵砾石、混合土碎石及泥质物组成。 滑坡堆积物：由碎（块）石混合土、混合土碎（块）石组成
古生界	二叠系	上统	峨眉山组	$P_2\beta$	321～2048	暗绿、灰黑色，以致密块状、气孔状玄武岩为主，斑状玄武岩及玄武角砾岩次之，偶夹有碱性玄武质晶屑凝灰岩及玄武质凝灰岩薄层
		下统	栖霞-茅口组	P_1q-m	118～659	为浅灰、深灰色厚层～巨厚层状灰岩、生物碎屑灰岩
			梁山组	P_1l	2～76	为灰、灰白、黄白色厚层含砾岩屑砂岩、石英砂岩、泥质砂岩夹灰黑色薄层炭质页岩及黑色煤线
	石炭系	下统		C_1	63～174	为浅灰、深灰色夹少量紫红色中厚～巨厚层状灰岩夹白云岩，局部夹灰黑色炭质页岩或煤线；底部为灰绿、紫红色中厚～厚层灰岩、角砾状白云岩

地层单位			地层代号	厚度/m	岩 性 描 述
界	系	统	组			

界	系	统	组	地层代号	厚度/m	岩 性 描 述
古生界	泥盆系	上统		D_3	57～132	为灰、深灰、灰黑色薄～中厚层白云岩,局部夹灰绿色极薄层页岩,白云岩内含方解石团块或结核
		中统	幺棚子组	D_2y	70～286	上部为深灰、灰黑色薄～中厚层灰岩、生物碎屑灰岩,局部夹白云岩、炭质页岩,含腕足类、珊瑚等化石,厚约74m; 中部为灰、灰黄、灰白色薄～中厚层石英砂岩、砂岩夹灰绿、灰黑色极薄～薄层页岩、泥质粉砂岩; 下部为灰、深灰色灰岩、白云岩、石英砂岩与紫红、灰绿色泥岩互层
		下统		D_1	41～77	为黄灰、绿灰色薄～中厚层石英砂岩、粉砂岩夹泥岩、页岩
	志留系	上统		S_3	103～220	为紫红、暗紫色薄～厚层状泥岩、粉砂质泥岩、页岩夹灰色砂岩、灰白色石英砂岩及少量灰绿、蓝灰色白云岩、瘤状灰岩及泥岩,白云岩一般呈透镜状,底部为暗紫色粉砂质页岩
		中统	石门坎组	S_2s	98～474	上部为灰、深灰、灰黑色厚层～巨厚层状生物碎屑灰岩、瘤状灰岩夹灰绿色薄层页岩、泥岩、粉砂质泥岩,含腕足类动物和螺化石; 中部为灰、灰黄、紫红夹灰绿色厚层砂岩、石英砂岩夹极薄～薄层泥岩、页岩、泥质粉砂岩、灰岩; 下部灰色中厚～厚层状灰岩、瘤状灰岩、生物碎屑灰岩夹灰绿、紫红色薄层泥岩、页岩; 底部为灰黑色厚层状生物碎屑灰岩,含腕足类动物化石,厚约2m
	奥陶系	中统	大箐组	O_2d	92～346	上部为深灰、灰黑色薄～中厚层白云岩,局部夹灰黑色薄层炭质砂岩; 下部为深灰色厚层～巨厚层状白云岩; 底部为灰、青灰色中厚～厚层砂岩、石英砂岩,局部夹灰黑色页岩,厚37～43m
			巧家组	O_2q	124～298	顶部为灰、灰黑色厚层瘤状灰岩,厚18～28m; 上部为灰、深灰、灰黑色中厚～厚层灰岩、生物碎屑灰岩,局部夹薄层粉砂岩,含腕足类动物化石; 下部为灰色薄～中厚层砂岩、白云岩夹灰岩及灰黑色页岩。具水平层理和鸟眼构造
		下统	红石崖组	O_1h	68～377	上部为灰、灰白、肉红、灰绿色中厚～厚层长石石英砂岩夹少量灰、暗紫色页岩,厚38～62m; 下部为灰绿、紫红色极薄～薄层泥岩、页岩夹薄～中厚层泥质粉砂岩、砂岩。具水平层理、交错层理及波痕
	寒武系	上统	二道水组	$\in_3e$	102～444	为灰、深灰色薄层～中厚层白云岩,顶部夹少量灰黑色灰岩、页岩,具水平层理,鸟眼构造
		中统	西王庙组	$\in_2x$	128～312	为紫红夹灰、灰绿色极薄层～中厚层状粉砂岩、石英粉砂岩、粉砂质泥岩,夹白云岩、粉砂质白云岩,局部含石膏,通称红尘或上红尘

续表

地层单位			地层代号	厚度/m	岩 性 描 述
界	系	统	组		
古生界	寒武系	下统		$\in_1$	149～654	上部为灰、灰黑色中厚～巨厚层状白云岩，局部夹条带状灰岩及薄层状粉砂岩、页岩； 中部为青灰、灰、灰黑色薄～中厚层砂岩与灰、灰绿色极薄层页岩、粉砂质泥岩互层，局部夹中厚～厚层砂岩、石英砂岩、条带状灰岩； 下部为灰、灰黑夹灰绿色极薄层页岩夹粉砂岩，局部夹灰岩； 底部为灰黑、黑色极薄层炭质页岩，含石膏细脉，厚约18m
	震旦系	上统	灯影组	Z_2d	389～2005	3段：为灰、灰白色薄至厚层状含磷白云岩，灰黑色磷块岩、硅质结核； 2段：为浅灰、灰白色厚层状硅质条带白云岩夹硅质白云岩、泥质白云岩，底部为深灰～灰黑色薄层状白云质页岩； 1段：为灰白、灰、灰黑色厚层状白云岩、硅质白云岩夹灰质白云岩、白云质灰岩，偶含硅质条带
		下统	澄江组	Z_1c	314～1186	为灰紫、紫红色中、粗粒长石石英砂岩、砾岩，间夹砂质页岩及含砾砂岩，砂岩中大型斜层理发育，中厚层～薄层状，顶部为中～细粒长石岩屑砂岩
元古界	前震旦系	会理群	通安组	Pt_2t	535～5067	4段：为结晶灰岩（或大理岩）及白云质灰岩（或白云质大理岩），夹少量千枚岩、板岩。 3段：为炭质绢云千枚岩及板岩，夹细晶灰岩（或大理岩）及白云质灰岩（或白云质大理岩），该段普遍含炭较高。 2段：为白云石大理岩、硅化白云大理岩及白云质灰岩，夹少量千枚岩、板岩。 1段：上部为紫灰、紫红色绢云片岩、千枚岩及碳质板岩，局部地段夹白云大理岩、钙质板岩及变质砂砾岩；下部为灰、灰白、灰黑色千枚岩、炭质千枚岩、钙质石英砂岩、大理岩、细晶岩、斜长角闪岩、黑云母片麻岩，局部夹侵入闪长岩、花岗闪长岩及斜长岩等，部分岩石中含少量黄铁矿

2.4.2 工程地质岩组

白鹤滩水电站库区地层发育较全，地层岩性复杂，按其成因建造类型可分为岩浆岩、沉积岩和变质岩；按其坚硬程度可分为坚硬岩、较坚硬岩、较软岩、软岩。白鹤滩水电站库区工程地质岩组划分见表2.4.2。

表 2.4.2 白鹤滩水电站库区工程地质岩组划分表

成因类型		岩性	构造	坚硬程度	发育地层	工程地质特性
岩浆岩	喷出岩	玄武岩	块状	坚硬岩	$P_2\beta$	抗风化能力强,以弱风化为主,局部强风化,岩体完整性为较完整~完整性差,边坡整体稳定性较好,一般不易发生大型变形破坏
沉积岩	碳酸盐岩	灰岩、泥质灰岩、白云岩、泥质白云岩等	薄层~厚层块状	较软岩~较坚硬岩	P_1q-m、C_1、D_3、D_2y、O_2d、O_2q、$\in_3e$、$\in_1$、Z_2d	抗风化能力较强,以弱风化为主,岩体完整性为较完整~较破碎,节理较发育,表面具溶蚀凹槽或刀砍状风花纹,局部发育有溶洞,边坡整体稳定性较好,当泥质灰岩以夹层方式存在时,有引起边坡变形破坏的可能
	碎屑岩	砂岩、石英砂岩、粉砂岩、泥岩、页岩	薄层~厚层块状	软岩~坚硬岩	P_1l、D_1、S_3、S_2s、O_1h、$\in_2x$、$\in_1$、Z_1c	岩层软硬相间,砂岩抗风化能力强,泥岩、页岩抗风化能力弱,易形成风化凹槽,岩体完整性为较破碎~破碎,遇水易软化,当以夹层方式存在时,容易引起边坡变形破坏
变质岩		变质长石石英砂岩、千枚岩、板岩、片岩等	块状、千枚状、板状、片状	较软岩~坚硬岩	Pt_2t	千枚岩抗风化能力较弱,岩石以强~弱风化为主,岩体完整性为较破碎~破碎,边坡稳定性较差,易发生变形破坏,一般以崩塌破坏形式存在

2.5 新构造运动与地震

白鹤滩水库区新构造运动主要表现为区域性高原面隆起、川滇块体的侧向滑移和次级块体的相对运动 3 个方面。区内自白垩纪末期经受强烈的喜马拉雅运动第一幕之后曾出现较长期的夷平过程,形成辽阔的统一夷平面。川滇菱形块各主要边界构造带走滑运动是川滇菱形块体最新一期走滑挤出运动的开始,这种变形与运动格局一直持续至今。由于高原物质侧向不均匀扩展推动以及原有结构构造条件控制,青藏高原东南边缘地区整个地区相对于青藏高原以及各次级块体间都存在明显的块体转动变形。

研究区位于川滇菱形块体东部边缘附近,有较强的活动性,具有较高的区域地震活动背景。主要发震断裂为则木河断裂带和小江断裂带,现代地震活动强烈。该地区 150km 范围内共发生了 83 次 6 级及以上地震,震源深度超过 30km。620—2020 年 6 月震级大于 4.7 级的地震分布情况如图 2.5.1 所示。

凉山断裂带地震以 4 级以下的小地震为主。历史上没有超过 6 级的地震记录,仅发生了 3 次 5.0~5.5 级的地震,地震活动较弱。

则木河断裂带是鲜水河-安宁河-则木河-小江断裂带的一部分。该断裂带北接安宁河

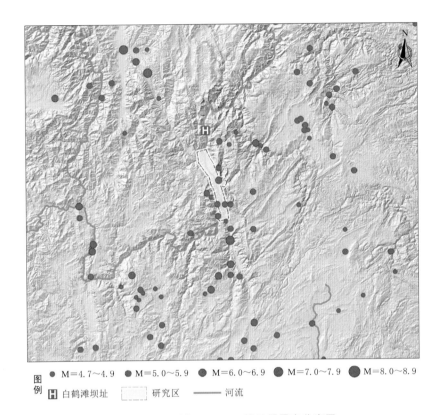

图例
H 白鹤滩坝址 ▢ 研究区 ── 河流
● M=4.7~4.9 ● M=5.0~5.9 ● M=6.0~6.9 ● M=7.0~7.9 ● M=8.0~8.9

图 2.5.1 区域 4.7~8.9 级地震震中分布图

断裂，南与巧家以北的小江断裂相交。自公元 860 年以来，则木河断裂带共发生 5 次 6 级以上地震，均发生在则木河断裂带以北的邛海段和大箐段，最大 7.5 级地震发生在 1850 年的大箐断裂带段。

小江断裂带已记录到的破坏性地震有 50 多次，其中 11 次为 6 级以上地震，最大震级达 8 级。孕震位置表现出空间分布的不均匀性，强震多位于断层斜方左阶的岩桥（张拉区）或断层三角的拉裂盆地，如东川、嵩明等，强震构造区断层盆地分布密度大，构造类型复杂，地震具有间歇性和集中性。例如，1713—1750 年（4 次 6.0~8.0 级地震），地震呈集群式发生，而 1750—1830 年和 1650—1700 年，没有发生 4.7 级以上的地震。根据云南地震局资料统计，小江断裂带最近 500 年未出现过 7 级及以上的地震。

2.6 水文地质条件

水库区地下水类型主要为覆盖层孔隙水、基岩裂隙水和少量岩溶水，大气降水是库区地下水的主要补给来源。金沙江河谷为区内最低沟谷，是本区地表水和地下水的最低排泄基准面。

孔隙水以潜水的形式分布于河流冲积物、山前洪积物、残坡积物中，接受大气降水、地表径流和部分基岩裂隙水补给，向金沙江排泄。覆盖层由于成因的不同，其水文地质性质也有不同，一般冲洪积物、山前洪积物主要为含泥沙的卵砾石或碎块石，渗透性较好，地下水多为潜水，埋藏相对较深；残坡积物及泥石流堆积物泥质含量较高，地下水埋藏较浅，多以泉水的形式出露。

水库区中段葫芦口至象鼻岭段内河流冲积阶地及山前洪积扇发育，第四系覆盖层厚度大，地下水多为潜水，以泉水形式出露。

2.7 人类工程活动

研究区内分布有巧家县县城、葫芦口镇、蒙姑镇和金塘乡等多个城镇，因此其内有较多的人口分布，人类工程活动强烈，主要的人类工程活动有采砂活动（图 2.7.1）、复建省道和格巧高速的修建（图 2.7.2）、移民安置区的建设等。复建省道和格巧高速主要分布在金沙江主河道两侧，道路的修建对沿江岸坡稳定性存在一定的影响。白鹤滩水电站蓄水将淹没部分村落，因此需建造足够多的移民安置区，这些安置区主要分布在研究区内平坦的区域，如巧家县县城、金塘乡镇等地。

图 2.7.1 采砂场

图 2.7.2 复建省道修建

第3章

蓄水前库岸滑坡综合遥感识别方法

InSAR 技术能在大区域范围内追溯和监测毫米级的地表长期形变，提供面状的形变靶区及时序变形特征。无人机等光学遥感技术可以通过分析影像数据上斜坡的形态特征、变形迹象和色调纹理等标志识别滑坡。但是在滑坡识别中，两种技术都存在局限性，如 InSAR 技术只能发现近期存在缓慢变形的显性滑坡，而且在高山峡谷地区工作时容易受几何畸变影响；光学遥感技术则只能通过斜坡的形态形貌识别过去发生变形破坏的滑坡，并且受解译人员水平的影响较大。由于单一显性滑坡识别技术面临识别"不全、不准"的技术缺陷，因此融合 InSAR 和光学遥感技术对研究区蓄水前库区历史滑坡进行识别。利用 InSAR 技术和升降轨数据识别研究区活动性库岸滑坡，并采用光学遥感影像图通过三维形态精细识别库岸滑坡，研究滑坡识别结果，分析两种技术方法在高山峡谷库区的技术特征，总结利用综合遥感识别技术"查清家底"的有效方法。

3.1 基于 InSAR 技术的活动性滑坡识别

白鹤滩库区相对高差大地形陡峭，人类工程活动强烈，居民区密集，属于典型的高山峡谷地貌等，地质隐患点往往具有分布范围广、交通不便、人难以到达等特点。滑坡灾害风险程度高，传统的地质调查手段在大范围、地势陡峭的高位滑坡隐患识别中具有很大局限性，很难高效、广域、快速、精准地查明潜在的地质灾害隐患。近年来合成孔径雷达干涉测量技术（InSAR）发展迅速，区域性滑坡灾害识别是 InSAR 技术的主要应用领域之一，为活动性滑坡灾害的早期识别与监测提供了重要的技术支撑。采用 SBAS - InSAR 技术并结合光学遥感影像对白鹤滩水库两岸进行活动性滑坡早期识别，并针对性开展现场复核验证和典型滑坡时序形变监测与特征分析。

3.1.1 SAR 数据源选取

最常用的 SAR 卫星为欧洲航天局 Sentinel - 1 卫星、日本的 ALOS 卫星以及德国的

TerraSAR - X 卫星（表 3.1.1）。

表 3.1.1　　　　　　　　　　　　　　常用 SAR 卫星数据源属性

常用卫星 SAR 系统	在轨时间	轨道高度/km	波段/波长/cm	重返周期/天	地面分辨率/m	影像幅宽/km	机构/国家	是否适用于深切河谷
Sentinel - 1	2014 年至今	693	C/5.6	12	20	250	ESA/欧洲	√（中等分辨率）
ALOS PALSAR - 1	2006—2011 年	692	L/23.6	46	10～20	30、70	JAXA/日本	√（只有部分数据）
ALOS - 2	2014 年至今	628	L/23.6	14	1～10	25～70	JAXA/日本	√（价格昂贵，局部覆盖）
TerraSAR - X	2007 年至今	514	X/3.1	11	1～3	10、30	DLR/德国	×（短波长易失相干）

（1）Sentinel - 1 卫星：由欧洲太空局（ESA）发射的两颗雷达卫星，其上装有 C 波段的合成孔径雷达，其重返周期为 12 天且记录有升轨和降轨数据，可以很好地对滑坡进行识别与监测。该卫星自 2014 年发射后，其数据就全球免费共享，因此是现今使用最多的数据源。

（2）ALOS 卫星：由日本发射的 ALOS 卫星共载 3 种传感器，其中 PALSAR 为 L 波段的合成孔径雷达，ALOS PALSAR - 1 于 2006 年发射，在 2011 年失效，重返周期 46 天，Level1.0 产品中的 FBD 和 FBS 模式可获取分辨率 10～20m 幅宽 70km 的 SAR 影像数据。ALOS - 2 卫星继承了 ALOS PALSAR - 1 卫星的 L 波段 SAR 卫星的工作方式，重返周期 14 天。其拥有 1～10m 等多种分辨率，并且具有单、双、全极化等多种模式数据。由于 ALOS 卫星数据是 L 波段的，因此相比于 Sentinel - 1 卫星数据，其更适用于植被覆盖茂密地区的滑坡监测与识别。

（3）TerraSAR - X 卫星：由德国发射的 X 波段的卫星，其分辨率较高（聚束成像模式 1m、条带成像模式 3m）。由于其波长较短，穿透力较差，因此只适用于植被覆盖较少的城市区域，且该卫星属于商业卫星。

白鹤滩水电站位于金沙江下游四川省宁南县和云南省巧家县境内，库区内山体陡峭，且受云雾遮挡严重，应选择合适的卫星进行形变识别。各卫星的优缺点对比见表 3.1.2，对于 InSAR 技术识别库区内形变来说，L 波段的 ALOS 卫星具有穿透能力强和可探测形变梯度大的优点，其能很好地穿越区内的云雾和植被的遮挡获得更为精确的形变数据，因此采用 ALOS - 1 卫星数据进行 InSAR 技术形变识别；由欧洲太空局（ESA）提供的 C 波段 Sentinel - 1 卫星数据获取较为容易且数据获取的频率较高（12 天为一周期），其影像幅宽范围可达 250km，远远大于 TerraSAR - X 和 ALOS 卫星数据，并且可免费获取。Sentinel - 1 卫星数据的主要缺点是其为 C 波段的数据，穿透能力较差。但由于研究区岸坡上植被稀疏，因此 Sentinel - 1 卫星可以很好地获取区内的变形情况。TerraSAR - X 卫星的优势在于其数据的空间分辨率较高，可以非常好地识别与监测地面物体的形变。但由于 X 波段的雷达波穿透力远不如 C 波段和 L 波段，极易受到地表植被和土壤含水量等因素的影响，因此采用该数据源进行 InSAR 形变分析很容易出现失相干等问题。TerraSAR - X 卫星数据主要适用于城市变形监测，而此次主要是探测岸坡的变形，所以不予考虑。

表 3.1.2   SAR 卫星优缺点对比表

卫 星	分辨率	影像覆盖范围	获取频率	价格	最大形变梯度	形变敏感度	植被穿透能力	适用区域
Sentinel-1	中等	广	高	免费	中	中	弱	山区城区
ALOS-1	高	窄	中	收费	高	低	强	山区
TerraSAR-X	高	窄	高	收费	低	高	弱	城区

综上所述，考虑到雷达卫星数据的获取频率、波长以及收费等情况，结合库区地质环境条件，蓄水前显性滑坡识别工作雷达卫星数据主要选用欧洲太空局（ESA）Sentinel-1（2014 年 10 月至蓄水前）和 ALOS-1 卫星为 InSAR 探测与监测主要数据源。其中 Sentinel-1 卫星 SAR 传感器主要参数见表 3.1.3，Sentinel-1 卫星升降轨及 ALOS-1 升轨影像覆盖情况如图 3.1.1 所示。

表 3.1.3   Sentinel-1 卫星 SAR 传感器主要参数

SAR 系统参数	参数内容	SAR 系统参数	参数内容
发射日期	2014 年 4 月	入射角	29.1°～46.0°
工作波段	C	分辨率	5m×20m
重访周期	12 天	幅宽	250km
拟用拍摄模式	IW	极化模式	HH+HV/VV+VH/HH/VV

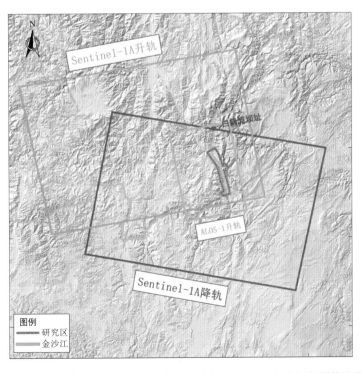

图 3.1.1　研究区 Sentinel-1 卫星升降轨及 ALOS-1 升轨影像覆盖情况

3.1.2　SAR 数据可视性分析

3.1.2.1　SAR 数据地形效应

SAR 是侧视成像传感器，雷达波速以一定的俯视角度 θ 射向目标地物（SAR 成像几何原理如图 3.1.2 所示）并接受散射回波，通过以接收目标反射信号的先后顺序进行成像记录。由于研究区地形起伏较大，会在一定程度上影响地面反射雷达回波信号到达成像系统的先后顺序，从而使得成像系统中的 SAR 图像会发生一定的扭曲，导致几何畸变的产生，几何畸变包括叠掩、透视收缩和阴影。几何畸变的产生将严重影响到 SAR 对地表形变监测的能力。

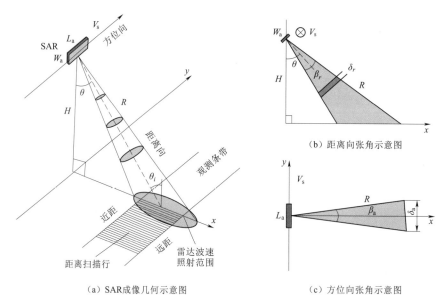

（a）SAR成像几何示意图　　　　（b）距离向张角示意图　　　　（c）方位向张角示意图

图 3.1.2　SAR 成像几何原理图

（1）叠掩。叠掩是透视收缩所表现的一种特殊形式。在地形起伏区域，斜坡最高点的回波信号比斜坡最低点的回波信号先到达传感器，从而造成斜坡顶部比底部在传感器中先成像，在影像上将会呈现原来的顶部与底部倒置的现象［图 3.1.3（a）］。叠掩现象的产生更容易发生在入射角较小以及斜距较近的情况下，从影像亮度上来看，一般情况下，叠掩现象在影像上亮度较高。

（2）透视收缩。透视收缩指在地形起伏区域，雷达波速照射目标体后从低点到高点依次返回，如图 3.1.3（b）所示，斜坡通过雷达波束的照射，到达斜面顶部的斜距与到达底部的斜距相差要比地面实际距离短，换言之，在 SAR 影像的成像中，影像斜面上的长度被缩短了。随着斜面坡度的不断增加，斜坡顶部比底部到达斜距的距离更短，当斜面坡度达到一个极限值时（垂直），斜坡将会以一个高亮的点成像在影像上。斜坡角度一定时，随着入射角的不断增加，透视收缩现象将会被削弱，如果入射角接近 90° 时，将会出现阴影。因此在对研究区进行 InSAR 技术处理之前，雷达卫星入射角的选择尤为重要。

（3）阴影。阴影是在 SAR 影像中所呈现的亮度很低的现象，对于地形起伏较为严重

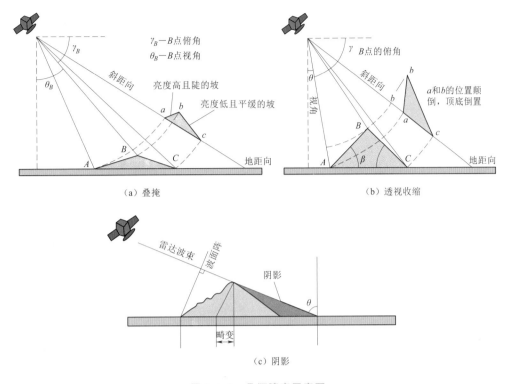

图 3.1.3　几何畸变示意图

的山区，雷达发射的电磁波对于斜坡背后的部分区域往往不能到达，因此传感器无法接收由目标体反射回来的后向散射信号，从而在 SAR 影像形成阴影，影像颜色近暗黑色。影像阴影的产生是由地形坡度以及雷达入射角度共同决定的，随着斜距由近到远，入射角慢慢地增大，影像上的阴影将逐渐呈现［图 3.1.3（c）］。

综上所述，复杂的山区地形会对雷达 SAR 影像造成不同形式的几何畸变现象，导致 SAR 影像的失真。目前国内外采用时序 InSAR 对滑坡隐患早期识别与形变监测的研究应用大部分位于地表起伏较缓，相对海拔高差不大，环境相对较为适宜的区域，对高山峡谷山区的适用性还需进一步地研究。

白鹤滩库区野猪塘—象鼻岭库段地形较为复杂，临江山峰高程多为 1157～2595m，相对高度大于 500m，地形坡度 20°～40°，为中山～高中山地貌。野猪塘—象鼻岭库段复杂地形造成的 SAR 影像几何畸变现象十分严重，结合 SAR 影像需要对该研究区的地形进行可视性分析，划分研究区内可视区域与不同形式的几何畸变区域。通过分析研究区的可视性对几何畸变地区进行掩膜处理，提高数据结果的精准度，分析研究区的可视性也有利于卫星数据的下载与定购，选择合适的数据进行处理，提高数据处理及分析的效率。基于地形和 R‐Index 在 ArcGIS 软件中计算几何畸变面积，对野猪塘—象鼻岭库段的可视性进行分析与讨论。

3.1.2.2　基于地形的可视性分析

研究区地形复杂，SAR 数据的观测容易受到几何限制，SBAS‐InSAR 技术获取的是雷达 LOS 方向的形变，结合雷达卫星参数以及 DEM 高差数据，不同方向的形变值将会有所差异。可视性分析取决于卫星的几何参数以及地形的坡度坡向，可视性分析的步骤具体如下：获取 Sentinel-1A 升降轨以及 ALOS PALSAR 卫星的飞行方位向和视线入射角，在 ArcGIS 中导入研究区 DEM 高程数据（DEM 数据是由 ALOS 卫星相控阵型 L 波段合成孔径雷达采集），根据 DEM 生成坡度坡向数据，对研究区可视性进行重分类，将其划分为可视区域、低敏感区域以及不可视区域，具体划分以及技术路线图如图 3.1.4 所示。

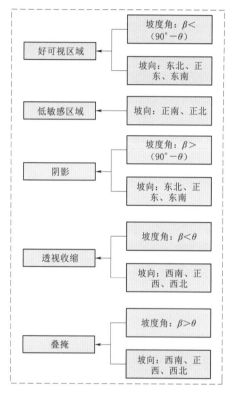

（a）基于升轨的可视性分析技术路线图　　（b）基于降轨的可视性分析技术路线图

图 3.1.4　基于地形可视性分析技术路线图

（1）不可视区域。针对升轨卫星而言，根据坡体的东西坡向来划分，当坡体坡向为正西、西北以及西南方向，卫星照射坡体的入射角 θ 大于坡度 β 时，雷达影像将会呈现几何畸变中的透视收缩现象，入射角 θ 小于坡度 β 时，将呈现叠掩现象；当坡体坡向为正东、东南以及东北方向，入射角的余角 $90°-\theta$ 小于坡度 β 时，将呈现阴影现象。针对降轨卫星而言，坡向情况与之相反。统一将上述 3 种几何畸变区域归纳为不可视区域。

（2）低敏感区域。研究区 Sentinel-1A 升轨卫星飞行方向由南往北飞，航向角北偏西 6.4°，降轨卫星由北往南飞，航向角南偏西 7.1°，ALOS PALSAR 升轨卫星由南往北飞，航向角北偏西 6.1°。卫星飞行的方向致使南北方向的地表形变在雷达 LOS 方向上的投影十分微小，导致南北地表形变质量差，因此将地表南北方向归纳为低敏感区域。

（3）好可视区域。对于 Sentinel‐1A 和 ALOS PALSAR 升轨数据，坡体坡向为正东、东南以及东北方向，且入射角的余角 $90°-\theta$ 大于坡度 β 时，形变较为敏感；对于 Sentinel‐1A 降轨数据，坡体坡向为正西、西南以及西北方向，且入射角的余角 $90°-\theta$ 大于坡度 β 时，形变较为敏感，因此把以上区域归属于好可视区域。

通过 ArcGIS 将研究区的 DEM 进行坡度坡向重分类〔坡向：正北（$0°\sim22.5°$、$337.5°\sim360°$），正南（$157.5°\sim202.5°$），正东、东北、东南（$22.5°\sim157.5°$），正西、西南、西北（$202.5°\sim337.5°$）〕，然后将坡向、卫星入射角以及坡度采用栅格计算器进行计算，最终得到哨兵数据升降轨以及 ALOS PALSAR‐1 数据的地形可视性分区图，最终结果如图 3.1.5～图 3.1.7 所示。

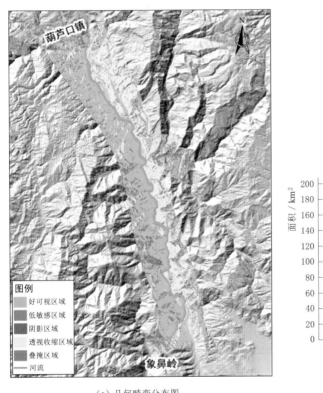

（a）几何畸变分布图

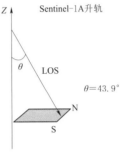

（b）SAR卫星入射角示意图

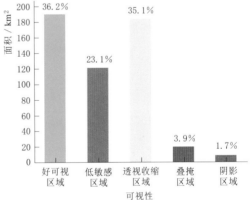

（c）几何畸变面积统计图

图 3.1.5　葫芦口—象鼻岭段 Sntinel‐1A 升轨地形可视性

结合坡度坡向及卫星视向入射角参数，得到 Sentinel‐1A 升轨卫星在研究区范围内的地形可视性结果，其中好可视区域面积为 192.4km²，占研究区面积的 36.2%；低敏感区域面积为 122.5km²，占研究区面积的 23.1%；透视收缩区域面积为 186.3km²，占研究区面积的 35.1%；叠掩区域面积为 20.7km²，占研究区面积的 3.9%；阴影区域面积为 9.0km²，占研究区面积的 1.7%。综上所述，Sentinel‐1A 升轨卫星在研究区内的几何畸变（阴影、叠掩和透视收缩）总面积为 216km²，占整个研究区面积的 40.7%，InSAR 在该区域内监测的结果缺乏有效性。

根据 Sentinel‐1A 降轨卫星视向入射角及坡度坡向参数计算得到，好可视区域面积

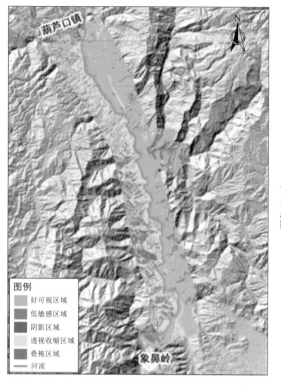

（a）几何畸变分布图

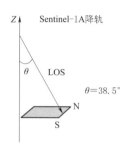

（b）SAR卫星入射角示意图

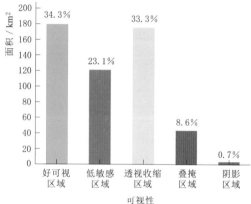

（c）几何畸变面积统计图

图 3.1.6 葫芦口—象鼻岭段 Sntinel - 1A 降轨地形可视性

为 182km²，占研究区面积的 34.3%；低敏感区域面积为 122.5km²，占研究区面积的 23.1%；透视收缩区域面积为 176.7km²，占研究区面积的 33.3%；叠掩区域面积为 45.6km²，占研究区面积的 8.6%；阴影区域面积为 3.7km²，占研究区面积的 0.7%。综上所述，Sentinel - 1A 降轨卫星在研究区内的几何畸变（阴影、叠掩和透视收缩）总面积为 226km²，占整个研究区面积的 42.6%，InSAR 在该区域内监测的结果缺乏有效性。

根据 ALOS PALSAR - 1 升轨卫星视向入射角及坡度坡向参数计算得到，好可视区域面积为 185.7km²，占研究区面积的 35%；低敏感区域面积为 122.5km²，占研究区面积的 23.1%；透视收缩区域面积为 178.9km²，占研究区面积的 33.7%；叠掩区域面积为 37.7km²，占研究区面积的 7.1%；阴影区域面积为 5.8km²，占研究区面积的 1.1%。综上所述，ALOS PALSAR - 1 升轨卫星在研究区内的几何畸变（阴影、叠掩和透视收缩）总面积为 222.4km²，占整个研究区面积的 41.9%，InSAR 在该区域内监测的结果缺乏有效性。

3.1.2.3 基于 R - Index 的可视性分析

Notti et al.（2012）通过 R - Index 对地形的可视性进行分析，R - Index 代表倾斜距离（雷达几何距离）和地面距离（地表距离）之间的比值，但该学者提出的 R - Index 方法存在一定缺陷，无法克服基于单像元评价的可视性，因此采用 Cigna et al.（2014）改进过后提出的 R - Index 计算方法对野猪塘—象鼻岭库段可行性进行模拟与分析。R - Index 方法的主要

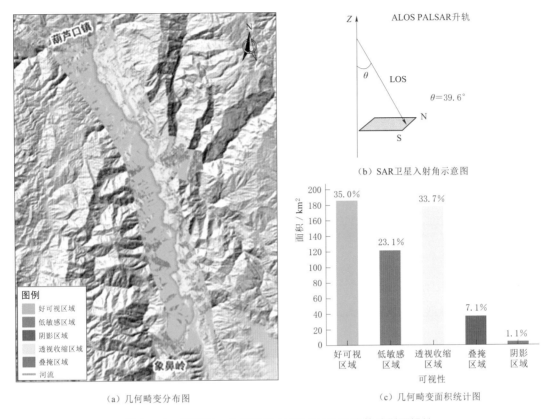

（a）几何畸变分布图　　　　（c）几何畸变面积统计图

图 3.1.7　葫芦口—象鼻岭段 ALOS PALSAR 升轨地形可视性

流程如图 3.1.8 所示。

　　坡度坡向采用 ArcGIS 软件中 Spatial Analyst 工具对研究区 DEM 进行重分类获取，通过对研究区 SAR 数据参数查询，Sentinel－1A 升轨飞行方位角（卫星飞行方向与正北方向的夹角，降轨为正，升轨为负）为－6.4°，入射角（雷达视线方向与垂直于地表直线方向的夹角）为 43.9°，Sentinel－1A 降轨飞行方位角为 7.1°，入射角为 38.5°，ALOS PALSAR－1 升轨飞行方位角为－6.1°，入射角为 39.6°，研究区范围内卫星数据参数见表 3.1.4，R－Index 定义如下：

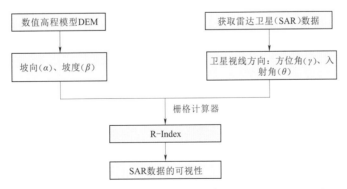

图 3.1.8　基于 R－Index 可视性分析流程图［改编自 Cigna et al.（2014）］

$$R - Index = \sin(\theta - \beta\sin A) \tag{3.1.1}$$

式中：A 为坡向矫正系数；θ 为卫星入射角；β 为坡度。

对于降轨而言，$A = \alpha - \gamma$；对于升轨而言，$A = \alpha + \gamma + 180°$。当 $0 < R - Index < \sin\theta$ 时，该区域为透视收缩区域；当 $\sin\theta < R - Index < 1$ 时，为好可视区域；当 $\sin\theta < R - Index < 1$，且坡度大于卫星视线入射角的余角区域时，为阴影区域；当 $R - Index = \sin\theta$，表示雷达照射的坡度为 0 的平地；当 $R - Index = 1$ 时，可视性最好；当 $-1 \leqslant R - Index \leqslant 0$，且坡度大于卫星入射角的余角时，为叠掩区域。

表 3.1.4 研究区 SAR 卫星数据参数

雷达卫星数据	视线入射角/(°)	飞行方位角/(°)	视线方位角/(°)
Sentinel-1A 升轨	43.9	−6.4	83.6
Sentinel-1A 降轨	38.5	7.1	−82.9
ALOS PALSAR 升轨	39.6	−6.1	83.9

根据相关公式分析可得，$\sin\theta$ 值为好可视区域与透视收缩区域的分界值，通过对研究区 R-Index 值计算，不同轨道雷达卫星对研究区的可视性结果如图 3.1.9～图 3.1.11 所示。针对 Sentinel-1A 升轨卫星数据而言（图 3.1.9），$0 < R - Index < 0.69$（黄色区域），为透视收缩区域，面积为 239.6km²，占整个研究区面积的 45.1%，主要分布在坡向朝正

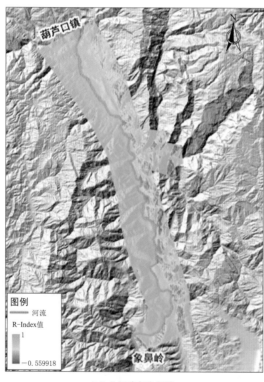

（a）几何畸变分布图

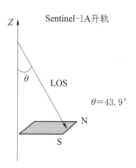

（b）SAR 卫星入射角示意图

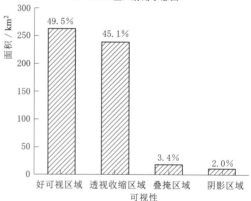

（c）几何畸变面积统计图

图 3.1.9 葫芦口—象鼻岭段 Sntinel-1A 升轨 R-Index 值结果

西、西南、西北地区，右岸范围居多；0.69＜R－Index＜1（深绿色区域），为好可视区域，面积为 262.5km²，占整个研究区面积的 49.5％，主要分布在坡向朝正东、东南、东北地区，左岸范围居多；0.69＜R－Index＜1 且坡度大于 46.1°（浅绿色区域），为阴影区域，面积为 10.5km²，占整个研究区面积的 2％，主要分布在坡向朝正东、东南、东北地区；－0.56≤R－Index≤0（红色区域），为叠掩区域，面积为 18.1km²，占整个研究区面积的 3.4％，主要分布在坡向朝正西、西南、西北地区，右岸范围居多。综上所述，采用 R－Index 计算，Sentinel－1A 升轨数据在研究区几何畸变（阴影、叠掩、透视收缩）的面积为 268.2km²，占研究区总面积的 50.5％。

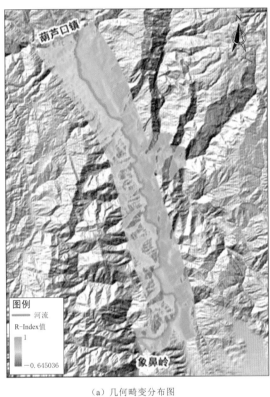

（a）几何畸变分布图

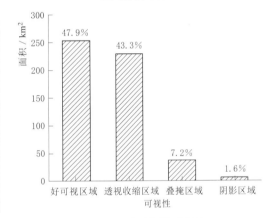

（b）SAR 卫星入射角示意图

（c）几何畸变面积统计图

图 3.1.10　葫芦口—象鼻岭段 Sntinel－1A 降轨 R－Index 值结果

根据 Sentinel－1A 降轨卫星相关参数计算 R－Index 可得（图 3.1.10），0＜R－Index＜0.62（黄色区域），为透视收缩区域，面积为 229.8km²，占整个研究区面积的 43.3％，主要分布在坡向朝正东、东南、东北地区，左岸范围居多；0.62＜R－Index＜1（深绿色区域），为好可视区域，面积为 254.2km²，占整个研究区面积的 47.9％，主要分布在坡向朝正西、西南、西北地区，右岸范围居多；0.62＜R－Index＜1 且坡度大于 51.5°（浅绿色区域），为阴影区域，面积为 8.5km²，占整个研究区面积的 1.6％，主要分布在坡向朝正西、西南、西北地区；－0.64≤R－Index≤0（红色区域），为叠掩区域，面积为 38.2km²，占整个研究区面积的 7.2％，主要分布在坡向朝正东、东南、东北地区，左岸范围居多。综上所述，采用 R－Index 计算，Sentinel－1A 升轨数据在研究区几何畸变

（阴影、叠掩、透视收缩）的面积为 276.5km²，占研究区总面积的 52.1%。

根据 ALOS PALSAR 升轨卫星相关参数计算 R-Index 可得（图 3.1.11），0<R-Index<0.64（黄色区域），为透视收缩区域，面积为 234.6km²，占整个研究区面积的 44.2%，主要分布在坡向朝正西、西南、西北地区，右岸范围居多；0.64<R-Index<1（深绿色区域），为好可视区域，面积为 254.6km²，占整个研究区面积的 48.4%，主要分布在坡向朝正东、东南、东北地区，左岸范围居多；0.64<R-Index<1 且坡度大于 50.4°（浅绿色区域），为阴影区域，面积为 9.0km²，占整个研究区面积的 1.7%，主要分布在坡向朝正东、东南、东北地区；-0.62≤R-Index≤0（红色区域），为叠掩区域，面积为 30.2km²，占整个研究区面积的 5.7%，主要分布在坡向朝正西、西南、西北地区，右岸范围居多。综上所述，采用 R-Index 计算，Sentinel-1A 升轨数据在研究区几何畸变（阴影、叠掩、透视收缩）的面积为 273.8km²，占研究区总面积的 51.6%。

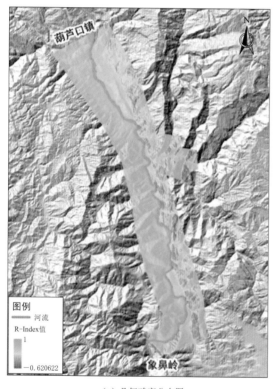
（a）几何畸变分布图

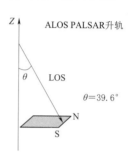
（b）SAR 卫星入射角示意图

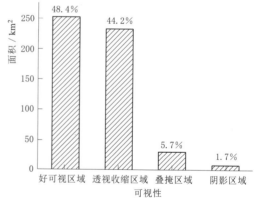
（c）几何畸变面积统计图

图 3.1.11　葫芦口—象鼻岭段 ALOS PALSAR 升轨 R-Index 值结果

3.1.2.4　可视性讨论

研究区通过采用基于地形和 R-Index 两种方法对研究区可视性进行对比发现，两种方法所得到的不同卫星在研究区中产生的几何畸变区域（透视收缩、阴影和叠掩）面积上稍有不同，基于地形得到的几何畸变区域面积整体小于 R-Index 计算得到的几何畸变面积（图 3.1.12），这是由于 R-Index 结合了坡度坡向、卫星参数等多个因素条件量化了对雷达成像的影响，而基于地形的计算只考虑到了坡度坡向所带来的效应，相比基于地形可视性分析结果而言，R-Index 计算的结果更加准确全面。但两种方法计算得出的几何畸变区域面积大小随不同卫星的入射角之间分布规律相同，由图可以看出，两种方法存在同一种规律现象，对于不同雷达传感器，同一轨道方向拍摄的卫星而言（升轨），随着雷达卫星视线入射角的不断增大，研究区内叠掩区域在不断减少，阴影和透视收缩区域在不断增大，几何畸变的总面积在缩减。对于同一种雷达传感器不同轨道的 Shentinel-1A 数据而言，由于研究区两岸的坡度坡向分布不均匀，导致升轨和降轨在各个几何畸变类型的面积范围上也有微小差别。几何畸变及好可视区域面积的计算结果准确度还与研究区 DEM 精度有关，本书采用的是 ALOS 12.5mDEM 数据，虽然精度同全国 30mDEM 相比有所提高，但仍存在部分较为陡峭地区 DEM 数值是由周围数据插值所得，而较陡斜坡附近根据现场调查不存在人类活动迹象，因此 InSAR 监测结果仍然满足实际需求，具备可行性。

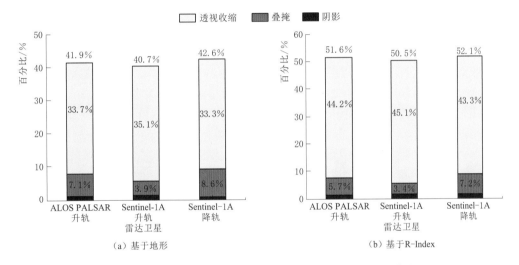

图 3.1.12　不同 SAR 数据几何畸变类型占研究区面积百分比

对于后期研究区在蓄水过程及蓄水后应选择较大视线入射角的雷达卫星数据进行监测，这样可以减少几何畸变区域的产生，更加有效并全面地监测地表形变，获取更多的有效形变信息。但在雷达数据选择的同时，也应考虑雷达波段关系，长波段的雷达能够穿透稀薄的植被，监测到更为密集的相干点，但监测形变精度也会降低（Herrera et al.，2013；Sun et al.，2015；Wasowski et al.，2014）。

从上文两种方法得到的可视性分布图可以看出，几何畸变的分布位置都大致相同，对于升轨模式的卫星，叠掩及透视收缩区域主要在向西的斜坡中形成，阴影区域主要在向东的斜坡中形成，降轨模式的卫星，叠掩和透视收缩区域在向东的斜坡中形成，阴影区域主要在向西的斜坡中形成，因此，对于研究区在进行 InSAR 形变监测时应联合升降轨道两种模式进行监测，尽可能地降低几何畸变对形变结果的影响，获取更多有效形变信息。通过 Sentinel-1A 升降轨数据联合进行监测识别，有效地降低了几何畸变对最终整体形变结果的影响。

为了保证 InSAR 识别结果的准确性及有效性，针对 Sentinel-1A 升轨卫星而言，保留 R-Index 值大于 0.69 的好可视区域和基于地形计算中低敏感区域的形变点；对于

Sentinel-1A 降轨卫星而言，保留 R-Index 值大于 0.62 的好可视区域和基于地形计算中低敏感区域的形变点；对于 ALOS PALSAR 升轨卫星而言，保留 R-Index 值大于 0.64 的好可视区域和基于地形计算中低敏感区域的形变点；由几何畸变导致的不可信区域将对其进行掩膜处理，剔除相关形变信息，最终获取真实有效的形变结果。

3.1.3　SAR 数据处理方法

基于 ENVI SARscape 软件平台采用时序 InSAR 中的 SBAS-InSAR 技术对研究区的 SAR 影像进行数据处理，具体数据处理流程如下：

（1）数据导入。轨道信息对哨兵数据最初 SAR 影像图像配准到形变图像的生成有着重要的作用，含有误差的轨道信息容易造成基线误差以残差条纹的形式存在于干涉图中，因此在对哨兵数据原始格式 SLC 数据导入的同时需对应导入精密轨道数据，精密轨道数据的导入能够减少 InSAR 处理时轨道误差所引起的相位误差，对数据的定位更加精准。采用最精准的轨道数据，即 POD 精密定轨星历数据（POD Precise Orbit Ephemerides），该数据距离 GNSS 下行 21 天之后使用，每天将产生一个文件，每个文件覆盖 26 个小时，定位精度优于 5cm，导入精密轨道数据后的 SAR 图像如图 3.1.13 所示。由于 ALOS PALSAR 原始卫星数据附带辐射与几何纠正参数，需要对数据进行聚焦处理，对原始数据中每个点的反射率利用优化的调焦算法实现数据聚焦处理并输出 SLC 数据。

（a）Sentinel-1A降轨20171017　　（b）Sentinel-1A升轨20170325　　（c）ALOS-1升轨20070207

图 3.1.13　导入数据后 SAR 影像

（2）研究区数据裁剪。由于 Sentinel-1A 原始每一景 SAR 影像的面积为 250km²，ALOS PALSAR 每一景覆盖面积 35×70km²，远超过研究区范围，为了节省数据处理的时间，需要对原始 SAR 影像进行裁剪，裁剪的范围适当大于研究区范围，裁剪所采用的方法是基于地理坐标系下的裁剪，用大于研究区的 DEM 和研究区矢量文件对原始 SAR 影像进行裁剪，裁剪结果如图 3.1.14 所示。

（3）时空基线连接图生成。在进行差分干涉之前需对导入的影像数据进行配对连接，生成连接图。将哨兵 86 景升轨数据进行连接配对，选取 2015 年 10 月 26 日的 SAR 影像为主影像，其余影像为辅影像。结合哨兵卫星传感器类型以及经验，避免时间跨度太大的影像两两配对，将空间基线阈值设置为 3%，时间基线阈值设置为 72 天，最终生成 188 个干涉像对。56 景哨兵降轨数据进行配对，选取 2017 年 5 月 2 日的 SAR 影像为主影像，

　（a）Sentinel-1A降轨20171017　　　（b）Sentinel-1A升轨20170325　　　（c）ALOS-1升轨20170207

图 3.1.14　裁剪后的 SAR 影像

空间基线阈值设置为 4%，时间基线阈值设置为 72 天，共生成 132 对干涉像对。18 景 ALOS PALSAR 卫星数据进行配对，选取 2009 年 6 月 30 日的 SAR 影像为主影像，其他为辅影像，由于该卫星载有 L 波段 SAR，波长较长，在较长时间内均保持相干性，选择时间基线阈值为 400 天，空间基线阈值设置为临界基线阈值的 50%，共生成 58 组干涉对。

（4）影像配准。在差分干涉时，为了获取准确的干涉相位，需要在差分干涉之前对影像进行配准处理。该过程将覆盖的同一地区影像通过平移和旋转的方式把主影像与辅影像的对应像元进行精确匹配。一般来说，配准精度至少需达到 1/8 个像元（Franceschetti et al.，1999），为了达到这样精确的程度，首先需对影像进行粗配准，自动选取控制点，然后在此基础上进行精配准，从而使配准辅影像与参考主影像同名点十分精确地对应地面同一分辨单元（刘国祥等，2019）。

（5）差分干涉。在 ENVI SARscape 软件中干涉包含了干涉图生成、去平相位、滤波、相干图生成和相位解缠等过程。最先求得的干涉相位含有地球椭球、高程和形变造成的相位差以及效应响应和各种噪声成分（廖明生和王腾，2014）。只需保留形变相位，需去掉其他相位，通过设置相关参数对地球椭球相位进行去除（去平地效应），导入外部 DEM 数据来消除地形相位带来的影响。

为了消除噪声带来的影响，通过多视比计算，哨兵数据多视视数比（Azimuth Looks：Range Looks）设置为 5∶1，ALOS PALSAR 多视比为 1∶3，采用对相位噪声抑制效果较好的 Goldstein 滤波算法对 SAR 影像进行滤波处理。由于该研究区为山区，整体相干性较差，部分地方存在茂密植被，为了将噪声尽可能地去除，在设置滤波参数时，提高了滤波最小值与最大值的比值，哨兵数据滤波最大和最小阈值分别设置为 5 和 8，ALOS PALSAR 数据滤波最大和最小阈值分别设置为 6 和 9，生成了滤波后的干涉图，其中最为典型的干涉图如图 3.1.15 所示。

由于差分干涉相位记录的是相位缠绕后位于（-π，+π）间的相位，因此需对相位进行解缠获取真实可靠的形变相位。采用的解缠方法为 Minimum Cost Flow（最小费用流法），该方法以通过正方形网格的形式对图像上所有像元进行分析，小于 0.1 相干性阈值的像元会进行掩膜处理。由于研究区面积较大，部分区域相干性较低，通过试验发现使用该解缠方法对研究区的结果能够取得较好效果。进行完干涉工作交流后每对干涉对将会生成相对应的相干性图 _ cc、差分干涉图 _ dint、滤波后的干涉图 _ fint 以及相位解缠图 _ upha，需要对不好的干涉对进行删除。

$-\pi$ ▬▬▬▬▬▬ π

（a）Sentinel-1A降轨20180109—20171216　　（b）Sentinel-1A升轨20171214—20171120　　（c）ALOS-1升轨20100818—20101118

图 3.1.15　三景典型差分干涉图

（6）轨道重去平。为了估算和去除解缠后的相位图中依然存在的恒定相位和相位跃变，需要对第 4 步干涉交流后的结果进行轨道重去平处理，为后续的两次反演提供数据支撑。首先需要一些 GCP 点（斜距坐标或地理坐标），在选择 GCP 点时需有以下要求：①在对干涉结果进行查看时，找出一对有代表性的干涉相对，GCP 点在选择时不能位于残余地形相位上，远离形变区域，远离相位跃变区域，对于山区尽量选择在低谷区域；②可能多地选择 GCP 控制点，使得所有的干涉相对能够被较好地处理。软件对于轨道重去平的方式有 3 种：自动优化（Automatic Refinement）、轨道优化（Orbital Refinement）、线性优化（Polynomial Refinement）。哨兵升降轨和 ALOS－1 数据在处理时分别选取 30 个 GCP 控制点，采用线性优化的方式进行计算，该方法健壮性很好，不考虑轨道形态，直接从解缠后的相位图上去掉估算出来的相位坡道，运用在所有相对上会得到平均相对可靠和稳定的结果。

（7）SBAS－InSAR 两次反演。SBAS－InSAR 第一次反演主要目的是为了获取残余地形和形变速率（采用 SVD 奇异值分解法进行估算），重新开展相位解缠和重去平工作，生成较好的干涉结果输入到后续步骤中。第一次反演选择的是健壮性较好的 linear 线性模型，该模型在连接图不是较为密集以及相对相干性较差的情况下也能获取可靠的结果。第二次反演是在第一次反演估算形变速率的基础上，用滤波的方法去除大气相位，大气延迟相位在时域上表现高频信号，在空域上表现低频信号（刘广全，2015），将大气延迟相位去除，最终获得时序上的形变量。

（8）地理编码。地理编码是将前面步骤所获得 SAR 坐标下的形变转化为地理坐标下的形变，在地理编码时需要输入对应的速率精度阈值和垂直精度阈值，只有精度小于该值的像元会进行地理编码和结果输出，通过查看相关精度文件，取绝大多数所处范围的临界值，哨兵数据升降轨和 ALOS-1 的速率精度阈值分别为 4、5 和 12，垂直精度阈值分别为 6、6 和 4。将地理编码后的栅格数据转换为矢量数据，导入到 ArcGIS 中进行查看，可获得每个矢量点对应的不同时期的历史累计形变量。

3.1.4　SBAS-InSAR 识别结果

利用 Sentinel-1A 升降轨数据和 ALOS-1 升轨数据，采用时序 InSAR 技术对研究区地表形变进行探测，结合光学遥感影像圈定边界范围共同识别活动性滑坡 25 处。其中 Sentinel-1A 升轨卫星识别出 16 处活动性滑坡，分别为 H1～H16（图 3.1.16），各滑坡的边界和形变情况如图 3.1.17 所示；利用 Sentinel-1A 降轨卫星共识别出 11 处活动性滑坡，分别为 H02、H04、H06、H12～H14、H16、H17～H20（图 3.1.18），各滑坡的边界和形变情况如图 3.1.19 所示。对比 Sentinel-1A 升降识别结果发现，有 6 处活动性滑坡为两种不同轨道共同解译的结果，利用 ALOS PALSAR 升轨卫星识别 15 处活动性滑坡（图 3.1.20），分别为图中 H03～H09、H11～H13、H21～H25，各滑坡的边界和形变情况如图 3.1.21 所示。同 Sentinel-1A 升降轨解译结果相比，新增了 5 处活动性滑坡。对于上述 3 种不同 SAR 数据所解译的各活动性滑坡形变速率如图 3.1.16、图 3.1.18、图 3.1.20 所示（负值代表地物沿雷达视线向 LOS 方向远离卫星运动，正值代表地物沿雷达视线向 LOS 方向靠近卫星运动）。

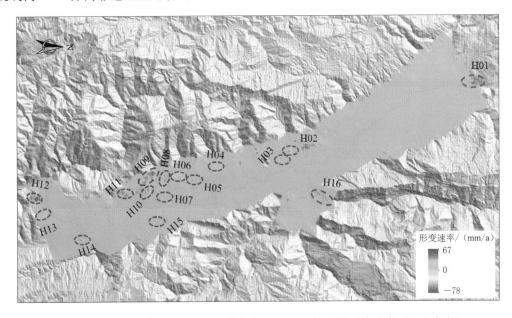

图 3.1.16　2014 年 10 月—2020 年 8 月 Sentinel-1A 升轨形变速率（LOS 方向）

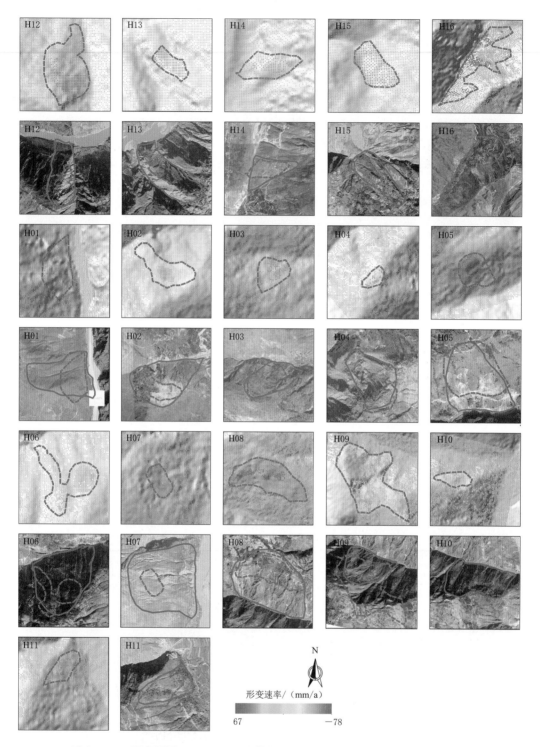

图 3.1.17　研究区域 Sentinel - 1A 升轨解译形变区和灾害边界遥感初步解译图
（红色实线代表滑坡边界，紫色虚线代表 InSAR 形变区）

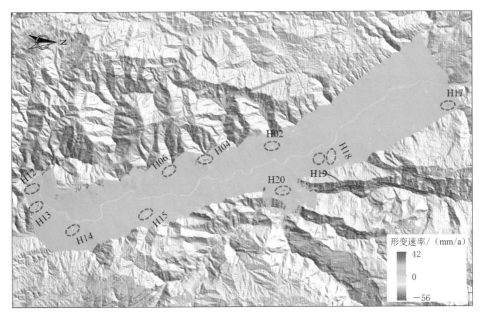

图 3.1.18　2017 年 2 月—2020 年 8 月 Sentinel－1A 降轨形变速率（LOS 方向）

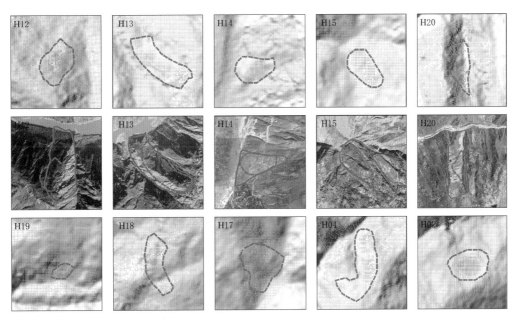

图 3.1.19（一）　研究区域 Sentinel－1A 降轨解译形变区和灾害边界遥感初步解译图

（红色实线代表滑坡边界，紫色虚线代表 InSAR 形变区）

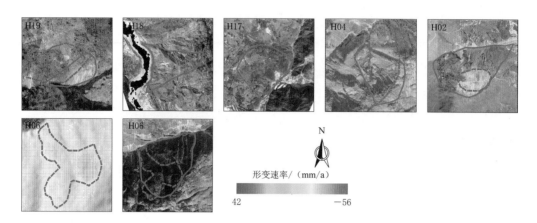

图 3.1.19（二） 研究区域 Sentinel-1A 降轨解译形变区和灾害边界遥感初步解译图
（红色实线代表滑坡边界，紫色虚线代表 InSAR 形变区）

图 3.1.20 2007 年 2 月—2010 年 11 月 ALOS-1 升轨形变速率（LOS 方向）

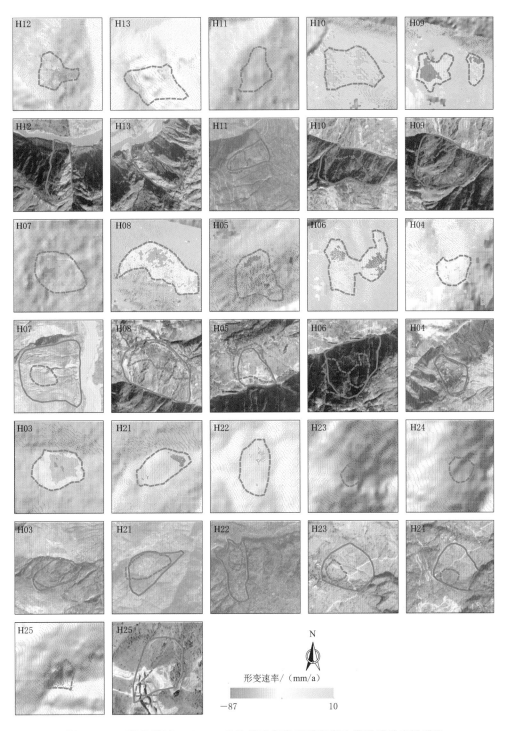

图 3.1.21　研究区域 ALOS-1 升轨解译形变区和灾害边界遥感初步解译图
（红色实线代表滑坡边界，紫色虚线代表 InSAR 形变区）

3.1.5 SAR 数据适用性讨论

获取了 3 种不同的 SAR 数据，采用时序 InSAR 技术对研究区的活动性滑坡进行了识别。从识别结果可以看出，不同的卫星和同一卫星不同轨道的数据 InSAR 处理所得到的结果不同，Sentinel－1A 升轨数据及 ALOS PALSAR 升轨数据由于自身飞行拍摄时是侧视成像，对研究区会产生的一定的几何畸变，从而导致识别结果在研究区左岸较为理想，左岸识别的隐患点较多，但两者识别的结果仍然有一定差异，通过总结分析，有如下几点原因：

（1）两种卫星数据波段长度不同，Sentinel－1A 为 C 波段的雷达卫星，该波段的波长短于 ALOS PALSAR 数据波段波长，对于植被较为茂密的地方，Sentinel－1A 数据穿透植被的能力较弱，会影响回波信号的强度，容易产生失相干现象，导致植被覆盖茂密地区没有形变点，影响监测结果的差异性。

（2）两个卫星的获取数据时间不同，InSAR 计算的形变仅反映获取数据时间段内的形变结果。

（3）虽然 ALOS PALSAR 数据波段波长长于 Sentinel－1A 波段波长，对植被的穿透能力有一定增强，但研究区 ALOS PALSAR 库存数据数量较少，并且每两景间隔时间太长，数据连续性同 Sentinel－1A 相比较差，也会造成干涉图上失相干现象的产生，数据的数量和每景数据的间隔长短都会影响最终的形变结果，参与 InSAR 计算的 SAR 数据越多，每两景数据之间时间连续且间隔短，将得到较好的形变结果，反之，形变结果越差。

综上所述，研究区蓄水前采用 Sentinel－1A 升降轨联合监测的效果强于 ALOS PALSAR 升轨数据监测结果，ALOS PALSAR 数据的连续性和数据数量上明显弱于 Sentinel－1A。

3.2 历史变形滑坡光学遥感识别

3.2.1 数据获取与处理

由于蓄水前通过无人机遥感技术只测绘了高程 1000m 以下的区域，所获得的无人机光学影像只包含研究区部分区域，因此无法通过此影像解译区内所有滑坡，所以选择采用卫星光学影像图进行辅助识别，获得区内滑坡数据。

由于测区位于地形地貌、地质条件复杂的高落差山区，对无人机摄影测量数据的获取将产生较大的影响。根据实际需求并兼顾效率，选择垂直起降固定翼无人机完成数据获取的工作，主要投入机型有飞马－V100、中科遥数－Y10 等垂起固定翼无人机。飞行方式采用平高飞行。人工地面控制点使用油漆在道路上做直角形状的标识（图 3.2.1）；道路不通区域采用 1.5m×1.5m 硬质木板喷涂白色油漆制作控制点（图 3.2.2）。

在此次应用无人机三维影像技术的研究中，工作区域选取白鹤滩库区中野猪塘至象鼻岭段 1000m 以下的区域。航摄工作时分 7 个测区开展工作，航摄面积近 $300km^2$。在获取外业数据后，通过处理形成完整的航摄成果（图 3.2.3），其作业流程如图 3.2.4 所示。

图 3.2.1 直角油漆标识

图 3.2.2 硬质木板（喷白漆）

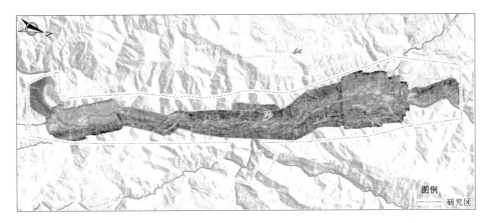
图 3.2.3 研究区无人机光学影像图

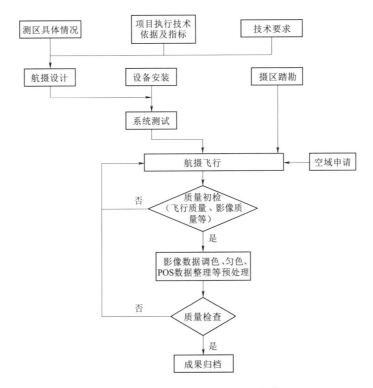
图 3.2.4 无人机摄影测量外业工作流程

研究选用的卫星光学遥感影像数据主要来源于 Landsat - 8 卫星的 2020 年 12 月的影像图（图 3.2.5）。LandSat - 8 卫星上携带有两个主要载荷：OLI 和 TIRS。OLI 陆地成像仪包括 9 个波段，其中 OLI 全色波段 Band8 波段范围较窄，可以在全色图像上更好区分植被和无植被特征，但其空间分辨率低于无人机影像图。

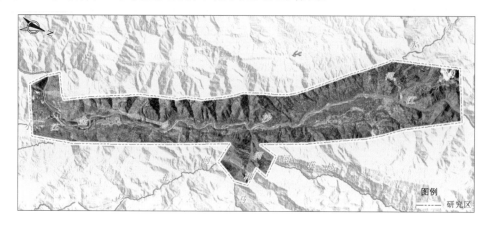

图 3.2.5　研究区卫星光学影像图

3.2.2　库岸滑坡精细解译方法

3.2.2.1　三维实景解译环境构建

库岸滑坡光学遥感解译采用成都理工大学地质灾害防治与地质环境保护国家重点实验室等多方开发的 EarthSurvey 软件进行。该软件整合了地质灾害软件所需要的多源数据，支持三维场景中对海量影像、激光点云、DEM、DSM、DOM、KML、SHP、三维模型、倾斜摄影等数据进行整合（吴明堂等，2023）。EarthSurvey 软件支持对滑坡信息（滑坡体、滑坡床、滑坡边界、滑坡裂隙等）进行目标识别与解译；支持用色调、颜色、阴影、形状、纹理、大小、空间位置及布局等灾害特征建立地质灾害的解译标志，实现三维场景下的地质灾害信息提取，以满足地质灾害精细解译需求。

解译工作主要是基于无人机摄影测量获得的 OSGB 格式的三维实景模型和卫星光学遥感影像图进行的。通过 cesiumlab2 软件，将实景模型和正射影像数据转换成 EarthSurvey 软件能识别的格式的模型，将其导入至 EarthSurvey 中，建立三维地质沙盘（图 3.2.6），在此三维解译环境中开展相关工程地质问题的解译工作。

3.2.2.2　滑坡遥感识别标志

自然界中的斜坡千姿百态，特别是经历长期变形的斜坡，往往是多种变形现象的综合体，这对已改造老滑坡特别是古滑坡尤其是巨型古滑坡来说，其特有的形态特征破坏殆尽，解译的难度更大。因此，在解译滑坡之前首先应对滑坡的形成规律进行研究，以避免解译时的盲目性，使解译工作更容易开展。不过对大部分滑坡来说，根据其独特的地形地貌，是比较容易辨认的。典型的滑坡在三维模型上的一般解译特征包括簸箕形（舌形、不规则形等）的平面形态、滑坡壁、滑坡台阶、滑坡舌、滑坡裂缝、滑坡鼓丘、封闭洼地等。

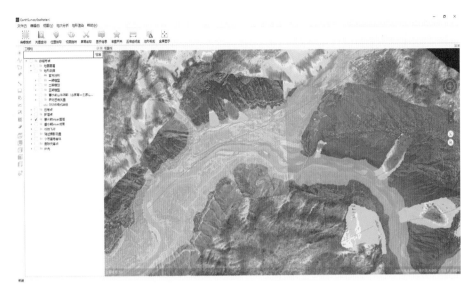

图 3.2.6　EarthSurvey 三维地质沙盘

在调查中，大部分滑坡形态均相对完整，部分变形主要发生在堆积体区域。如图 3.2.7 所示，从三维模型地物表面形态及光谱信息来看，该处滑坡植被覆盖率较低，滑坡整体边界清晰，后缘陡坎明显，整体呈舌状，模型中滑源区的物质损失与堆积区的物质增加构成滑坡最明显的特征，滑坡后缘台坎、滑源区圈椅状形态、堆积区边界地形变化、滑源区表面光滑等均是该区域滑坡判识的典型标志。

图 3.2.7　研究区典型滑坡判识情况

通过光学遥感的识别工作，对库区的滑坡识别标志形成三维图谱，见表 3.2.1。

表 3.2.1 历史滑坡识别标志三维图谱

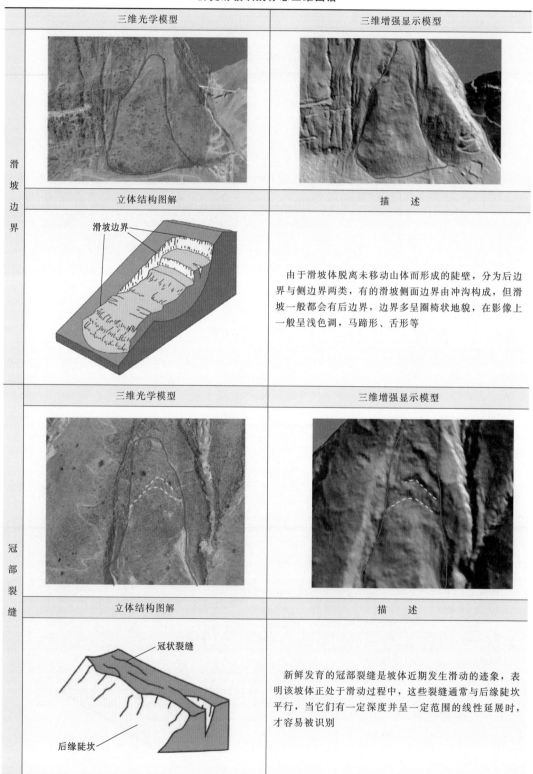

三维光学模型	三维增强显示模型
立体结构图解	描 述
滑坡边界	由于滑坡体脱离未移动山体而形成的陡壁，分为后边界与侧边界两类，有的滑坡侧面边界由冲沟构成，但滑坡一般都会有后边界，边界多呈圈椅状地貌，在影像上一般呈浅色调，马蹄形、舌形等
三维光学模型	三维增强显示模型
立体结构图解	描 述
冠状裂缝 后缘陡坎	新鲜发育的冠部裂缝是坡体近期发生滑动的迹象，表明该坡体正处于滑动过程中，这些裂缝通常与后缘陡坎平行，当它们有一定深度并呈一定范围的线性延展时，才容易被识别

滑坡边界

冠部裂缝

续表

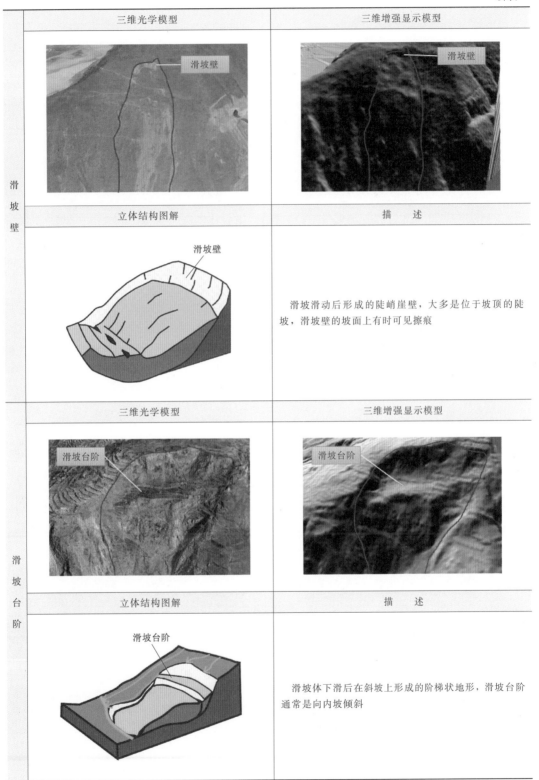

三维光学模型	三维增强显示模型
立体结构图解	描述
	滑坡滑动后形成的陡峭崖壁,大多是位于坡顶的陡坡,滑坡壁的坡面上有时可见擦痕
三维光学模型	三维增强显示模型
立体结构图解	描述
	滑坡体下滑后在斜坡上形成的阶梯状地形,滑坡台阶通常是向内坡倾斜

滑坡壁

滑坡台阶

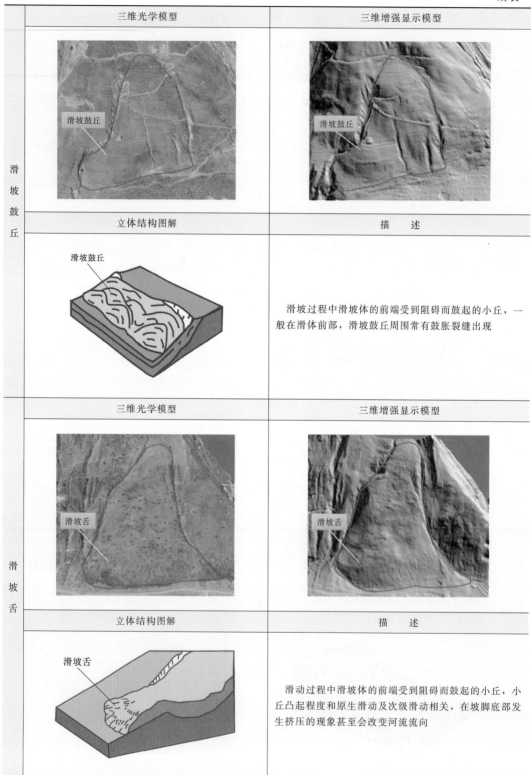

三维光学模型	三维增强显示模型
滑坡鼓丘	滑坡鼓丘
立体结构图解	描 述
滑坡鼓丘	滑坡过程中滑坡体的前端受到阻碍而鼓起的小丘，一般在滑体前部，滑坡鼓丘周围常有鼓胀裂缝出现
三维光学模型	三维增强显示模型
滑坡舌	滑坡舌
立体结构图解	描 述
滑坡舌	滑动过程中滑坡体的前端受到阻碍而鼓起的小丘，小丘凸起程度和原生滑动及次级滑动相关，在坡脚底部发生挤压的现象甚至会改变河流流向

滑坡鼓丘

滑坡舌

3.2.3 库岸滑坡无人机遥感识别结果

在对研究区地质与地貌条件分析的基础上，利用光学遥感影像数据识别出河流深切沟谷、自然风化剥蚀等作用形成的不良地质现象，然后基于现场复核情况修正判识滑坡范围、位置，提高滑坡识别精度和准确率，最终确定出 102 处库岸历史滑坡点（图 3.2.8）。

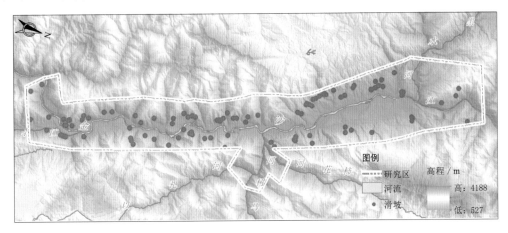

图 3.2.8　研究区蓄水前库岸滑坡光学遥感识别结果图

3.3　库岸滑坡综合遥感识别成效分析

3.3.1 库岸滑坡综合遥感识别结果

综合 InSAR、光学遥感识别的结果，最终确定蓄水前研究区内滑坡点共计 118 处，其中 16 处滑坡仅由 InSAR 技术识别、93 处滑坡仅由光学遥感技术识别、InSAR 和光学遥感技术共同识别出 9 处滑坡，其分布情况如图 3.3.1 所示。

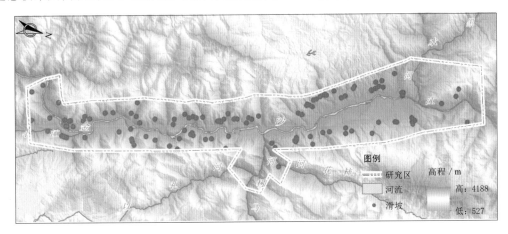

图 3.3.1　库岸滑坡综合遥感识别结果图

不同滑坡往往具有不同的变形特征，可以根据其独有的特征将其识别，下面以部分滑坡为例进行说明与展示（表 3.3.1）。

表 3.3.1 综合遥感解译滑坡识别特征（部分）

序号	名　称	InSAR 识别情况	光学遥感识别情况	识　别　特　征
1	王家山滑坡	识别	识别	滑坡整体边界清晰，后缘陡坎明显，整体呈舌形，坡体中部有一处强形变区，其形变速率达−43～−27mm/a
2	甘田坝滑坡	识别	识别	滑坡左右边界以冲沟为界且双沟同源，整体形态呈舌形，滑坡舌出露明显，在坡体中上部可见一处强形变区，其形变速率达−58～−37mm/a
3	水瓶子 1 滑坡	未识别	识别	滑坡整体呈条带形，坡脚堆积体明显，坡体两侧冲沟同源，为堆积体滑坡
4	长地滑坡	未识别	识别	滑坡整体呈哑铃形，前缘突出为明显的滑坡堆积体，滑坡壁界限清晰
5	甘盐井滑坡	识别	未识别	在滑坡上部存在明显的变形区且形变速率为−40～−30mm/a，现场调查发现其为滑坡后缘新产生的下错裂缝
6	小江特大桥滑坡	未识别	识别	滑坡整体呈舌形，前缘堆积明显，滑坡后壁清晰可见，整体呈现出负地貌
7	石门坎滑坡	识别	识别	滑坡整体呈三角形，滑坡后缘出现多级次级滑坡台阶，且其后缘张剪裂隙清晰可见，在坡体后部可见一处强形变区，其形变速率达−45～−40mm/a
8	黄坪滑坡	识别	识别	滑坡整体呈半圆形，其边界清晰，滑坡后壁出露，坡体表面破碎，有部分滑坡堆积体在前缘沟内堆积，在坡体后源可见一处强形变区，其形变速率达−45～−40mm/a，现场调查时发现在滑坡后缘有碎石落下
9	新地滑坡	识别	识别	滑坡整体呈方形，在滑坡后缘可见多级下错台阶，滑坡后壁清晰可见，在滑坡中部可见明显的强变形区，强变形区内的形变速率达−50～−30mm/a
10	沈家沟滑坡	未识别	识别	滑坡呈长条形，滑坡左右以冲沟为界，在其后缘冠部拉张裂缝发育

首先研究区内历史滑坡主要为条带形分布特征，其沿着金沙江主河道呈近南北向分布。其次区内历史滑坡呈现出聚集分布的特点，在大崇乡、鲁吉乡和野牛坪乡附近滑坡灾害分布最为集中，滑坡点密度为 0.3～0.4 个/km^2。在金沙江支流、大同乡和巧家营乡等地滑坡发育较少，滑坡点密度为 0～0.1 个/km^2。在葫芦口镇和溜姑乡附近的滑坡密度为 0.2～0.3 个/km^2（图 3.3.2）。

3.3.2 滑坡活动性对识别结果的影响

对于无人机和卫星遥感数据可以通过 EarthSurvey 三维地质沙盘从多角度了解岸坡细节特征，便于变形特征明显的滑坡解译分析。InSAR 技术可以探测微小的形变，易于识

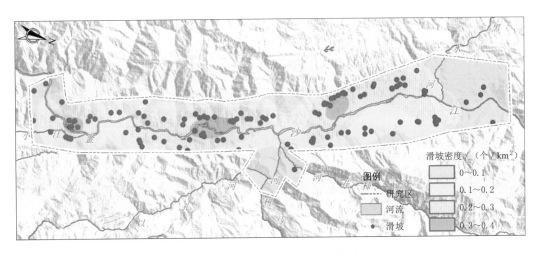

图 3.3.2　研究区滑坡密度分布图

别出正在发生变形的活动性滑坡。因此两种不同识别方法的滑坡解译结果会存在一定的差异。根据滑坡活动性将滑坡分为以下 3 种类型：

（1）仅通过 InSAR 技术识别的活动性滑坡。这些都是新近发生变形的滑坡，其变形只能通过 InSAR 技术进行识别，但限于光学遥感影像的精度，因此在光学遥感解译中无法识别其变形特征。如甘盐井滑坡（图 3.3.3），从 InSAR 形变结果图中可发现在坡顶处存在明显的形变区且形变速率为 $-40 \sim -30\text{mm/a}$。而使用无人机和卫星遥感影像进行识别时，未发现该处出露明显的滑坡形态特征且容易认为该变形是由于坡体上便道开挖导致的。但现场复核发现，在边坡的坡顶处可见多处新产生的下错裂缝。而将裂缝位置在无人机照片中比对发现，由于其颜色和地貌特征不突出很容易与农田混在一起，因此很难采用无人机遥感进行识别。

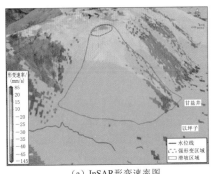

（a）InSAR形变速率图

（b）无人机全景图

（c）坡顶裂缝（现场调查）

（d）坡顶裂缝（现场调查）

图 3.3.3　甘盐井滑坡 InSAR 形变速率和变形特征图

（2）仅通过光学遥感技术识别的历史滑坡。这类滑坡大多为过去发生了变形破坏且具有明显的形态特征或变形迹象，使其可以被遥感影像图识别，但在 SAR 数据周期内没有出现可探测的形变。如五里坡滑坡（图 3.3.4），通过 InSAR 形变结果图可知该处坡体在监测期内未出现形变，但将无人机遥感影像与 2017 年的卫星遥感影像对比发现，该坡体后缘陡坎加深，并向两侧冲沟延伸，且坡体上凹陷明显，表面岩体破碎，因此判断该处为滑坡。

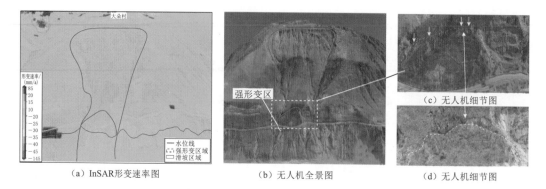

（a）InSAR形变速率图　　　（b）无人机全景图　　　（d）无人机细节图

图 3.3.4　五里坡滑坡 InSAR 形变速率和变形特征图

（3）通过光学遥感技术与 InSAR 技术共同识别的历史滑坡。这类滑坡多为过去发生变形破坏并具有明显的形变特征，同时在 SAR 数据周期内存在可监测的形变。如王家山滑坡（图 3.3.5），从 InSAR 形变结果图上可以发现在该处坡体中上部存在较为明显形变，形变速率为 $-145 \sim -45$mm/a，通过光学遥感影像识别出该处为圈椅状地貌，并且从无人机遥感影像图可以发现坡体前缘局部垮塌以及其中部道路处的挡土墙倒塌。

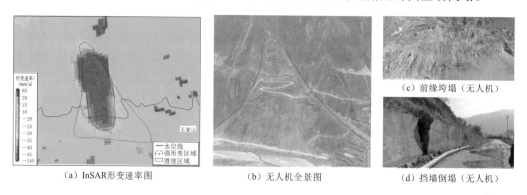

（a）InSAR形变速率图　　　（b）无人机全景图　　　（d）挡墙倒塌（无人机）

图 3.3.5　王家山滑坡 InSAR 形变速率与变形特征图

3.3.3　滑坡面积对识别结果的影响

通过对滑坡面积进行分类发现：在面积小于 0.05km² 的滑坡中，光学遥感技术识别出 41 处，而 InSAR 技术未能识别出该面积的滑坡；在面积为 0.05～0.1km² 的滑坡中，InSAR 技术识别出 2 处，光学遥感技术识别出 18 处，两种技术共同识别出 1 处滑坡；在面积为 0.1～0.2km² 的滑坡中，InSAR 技术识别出 6 处，光学遥感技术识别出 19 处，两种技术共同识别出 4 处滑坡；在面积为 0.2～0.5km² 的滑坡中，InSAR 技术识别出 5 处，光学遥感技术识别出 15 处，两种技术共同识别出 1 处滑坡；在面积大于等于 0.5km² 的滑坡中，InSAR 技术识别出 12 处，光学遥感技术识别出 9 处，两种技术共同识别出 3 处滑坡（图 3.3.6）。由图可知光学遥感技术识别的滑坡在各个面积区间均有分布，主要集中于 0.01～0.5km²，其中在 0.01～0.05km² 区间发育最多。而 InSAR 技术识别的滑坡主要分布于 0.1km^2 以上的面积区间。

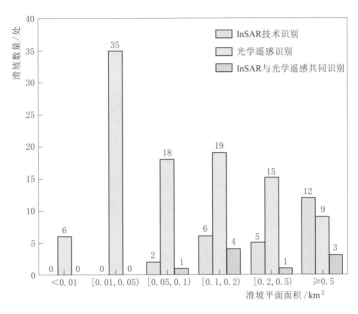

图 3.3.6　各类技术识别滑坡不同平面面积数量

此外，InSAR 技术所识别的 25 处滑坡总面积达 17.65km^2，平均面积为 0.706km^2；而光学遥感技术共解译 102 处滑坡，总面积为 18.65km^2，平均面积仅为 0.18km^2。InSAR 技术虽然识别滑坡点数量不到光学遥感解译的 1/4，但其识别的总面积与光学遥感识别出的总面积相当，滑坡的平均面积是光学遥感技术的 3.4 倍。

通过上述统计分析，可得 InSAR 技术识别的滑坡面积大于光学遥感解译的单体滑坡平均面积。可见 InSAR 技术多适用于观测较大面积的目标，对于那些通过人工排查或无人机航测解译发现的小型滑坡灾害，将失去其辨识能力。而面积较小的滑坡变形失稳后，会在光学遥感影像上表现出相应的形态和颜色等识别特征，从而被无人机等光学遥感技术识别。如团山包滑坡群（图 3.3.7、图 3.3.8）由 3 个小型的滑坡组成，灾害面积虽小但整体轮廓特征明显，滑坡后缘下错陡坎清晰，颜色区别明显。据寻访了解，近年来该滑坡群在雨季时经常发生变形，但其并未被 InSAR 技术所识别，只被无人机遥感技术识别。

图 3.3.7　团山包灾害群遥感影像图

图 3.3.8　团山包灾害群全貌图

　　由此说明面积较小的滑坡变形破坏后会在光学遥感影像上呈现出相应的形态或者颜色等较为明显的识别特征；而 InSAR 技术由于其数据精度有限，所以难以识别那些较小面积的滑坡。对于面积较大的滑坡，由于其孕育演化时间长且变形特征显著，能被 InSAR 技术和光学遥感技术共同识别。

3.3.4　InSAR 与无人机光学遥感识别的互补优势

　　通过对滑坡活动性以及滑坡面积分析可知，InSAR 技术、无人机摄影测量等现代遥感技术都有独自的优势和能力，但也都有各自的条件限制和缺点，所以不能靠单一的技术手段来解决蓄水前滑坡识别问题。

　　InSAR 具有全天候、全天时工作的特点，尤其是具有大范围连续跟踪观测微小地表形变的能力，是识别和发现正在变形滑坡的较为有效和重要的手段。但 InSAR 技术也有一定的局限性，如只能用于识别目前正在发生缓慢变形的滑坡，对于未变形的滑坡并不具备识别能力。另外，由于 InSAR 技术主要利用相干性原理监测地表形变，复杂地形、植被等都会影响相干性，甚至造成失相干现象。升降轨的拍摄方向也受到很大的限制，有些斜坡方向很难被 InSAR 拍摄。

　　利用高分辨率的无人机和卫星光学影像，通过地形地貌和颜色特征可识别出绝大多数古老滑坡，它们在遭受强烈的外界扰动后（如强降雨、强震和强烈人类工程活动），有可能复活或再次发生滑坡，因而成为常见的滑坡点。同时，因地表变形会导致光谱特性的变化，可利用光学遥感的颜色变化来有效识别地表变形，圈定潜在的滑坡。但无人机等光学遥感也存在不足，一是成本较高，工作量大，且受天气影响明显；二是光学影像虽然直观形象，但也容易误判。

　　综上所述，采用综合遥感手段，充分利用 InSAR 技术与无人机等光学遥感技术优势，既能获得滑坡的地表变形信息，又能了解滑坡的特征要素信息，有效避免高山峡谷区滑坡识别遗漏的问题。通过上述研究建立库岸滑坡识别的基本流程，如图 3.3.9 所示。

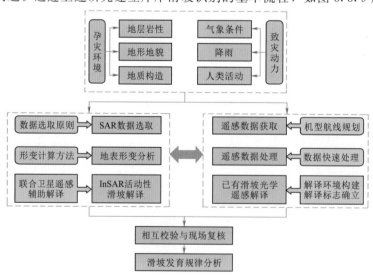

图 3.3.9　利用遥感技术识别库岸滑坡的方法

　　前期进行资料收集，主要包括地层岩性、地形地貌和地质构造等孕灾环境的调查及气象水文和人类工程活动等致灾因子的资料。在使用 InSAR 技术之前，需要根据研究区工作条件和研究需求选择合适的数据和技术方法，在解算出形变后结合光学影像初步识别滑坡。而无人机光学遥感可进一步在光学解译过程中，利用影像数据和山体阴影中滑坡的形状、大小、阴影、色调、颜色、纹理、图案、位置等解译标志识别出滑坡的范围并标定其位置范围。此外还可进一步为 InSAR 的滑坡解译提供技术支撑。

第 4 章

蓄水效应下库岸滑坡地质预测方法

　　水电站蓄水后，库水的大幅度抬升将引起库岸岩土体的水文力学和物理化学性质的变化，包括土壤的饱和度、孔隙水压、剪切强度等，从而导致岸坡的突然变形和破坏。因此，水库蓄水初期是库区滑坡发生的主要时期，包括古老滑坡的复活和新滑坡的产生。因此，在库区蓄水前如何准确找出蓄水初期的滑坡灾害，减少发生水库滑坡灾害产生的损失，是当前库区地质灾害防治部门和地质灾害研究人员关注的重点。而目前广泛使用的遥感识别技术难以及时发现和预测库水引发的快速滑坡事件。因此，急需合理的蓄水期滑坡预测模型，以指导水库滑坡识别与防治工作。鉴于此，开展首次试验性蓄水期水库滑坡预测模型研究，分别探讨了基于数据驱动的易发性模型和基于物理驱动的区域边坡稳定性模型在水库滑坡预测的实效，并提出了一种考虑前述两种方法优势的蓄水期库岸滑坡矩阵预测模型，可为水库滑坡后续的识别提供有益参考。

4.1　基于滑坡易发性评价的蓄水库岸滑坡预测

　　滑坡易发性评价利用计算模型对历史滑坡与其评价因子的分析，从而预测潜在滑坡的空间位置（黄发明等，2022）。首先通过综合遥感手段建立了研究区蓄水前库岸滑坡数据集，然后选取合适评价因子和主流评价模型进行了库岸滑坡易发性评价。

4.1.1　滑坡灾害发育影响因素

4.1.1.1　坡度

　　在滑坡的发育过程中，坡度是一个十分重要的因素。岸坡的坡度越大，岸坡上岩土体物质的重力沿着坡面的分量就会越大，使得其下滑力也越大。当岸坡坡度超过岩土体的天然休止角时，就可能引发变形破坏。在 ArcGIS 中采用自然间断法将研究区坡度分为 6 个区间，并得出白鹤滩库区蓄水前滑坡发育与坡度的关系图（图 4.1.1），随后统计不同坡度区间内面积比及其内滑坡面积比（图 4.1.2）。

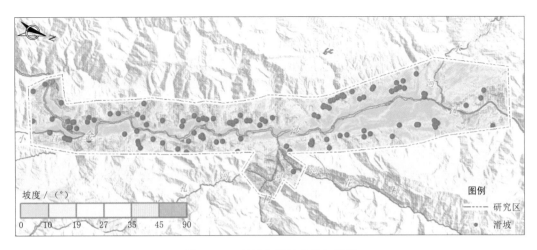

图 4.1.1 坡度与滑坡分布关系图

从图 4.1.2 可知，随着边坡坡度的增大，分区内滑坡面积占比先增加后减少。在研究区 19°~45°的坡度区间内滑坡面积占比高于分区面积占比，表明该区间对滑坡的形成有促进作用，尤其是 27°~35°区间，其内的滑坡面积最多，占研究区内滑坡面积的 32.76%。而其他坡度区间滑坡面积少于分区面积，不利于滑坡的发生。

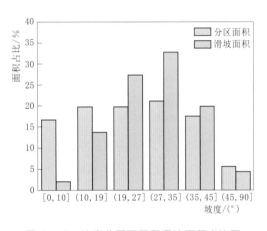

图 4.1.2 坡度分区面积和滑坡面积占比图

4.1.1.2 高程

地形高程对滑坡的发生和分布有很大的影响，因为岸坡的相对高程值越大，其重力势能就越大，对斜坡体的稳定性越不利。在研究区内，低山和高程较低的中山峡谷以及山间宽缓的河谷区域是人类活动最为频繁的地区。由于这些地区临近江河，坡内地下水分布的变化较大，有利于滑坡的发生。相比之下，高程较大的地区植被覆盖率较高，人类活动较少。在 ArcGIS 中采用自然间断法将研究区高程分为 6 个区间，并得出白鹤滩库区蓄水前滑坡发育与高程的关系图（图 4.1.3），随后统计不同高程区间内面积比及其内滑坡面积比（图 4.1.4）。

从图 4.1.4 可知，随着高程的增大，滑坡面积占比呈现先增大后减小的趋势。在 801~1225m 的高程区间，其内滑坡面积多于分区面积有利于滑坡的形成，而其他区间则不利于滑坡的发生。

4.1.1.3 坡向

坡向通常由断层的走向和河流侧蚀方向所决定。不同的坡向可能会与地层产状形成不同性质的斜坡结构，例如逆向坡和顺向坡。同时，在不同的坡向上，太阳对岸坡的照射强度也存在差异。有些岸坡只能在上午被太阳照射，而有些岸坡则只能在下午被太阳照射。这导致不同坡向的斜坡表面的水蒸发量和坡面侵蚀等存在差异，从而影响斜坡的稳定性。

因此，坡向可能会影响滑坡的形成。在 ArcGIS 中采用自然间断法将研究区坡向分为 9 个区间，并得出白鹤滩库区蓄水前滑坡发育与坡向的关系图（图 4.1.5），随后统计不同坡向区间内面积比及其内滑坡面积比（图 4.1.6）。

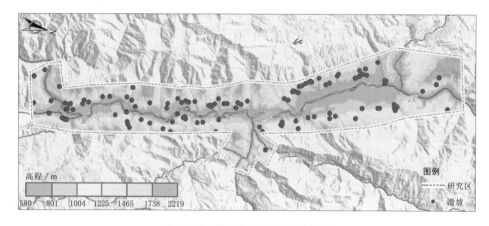

图 4.1.3 高程与滑坡分布关系图

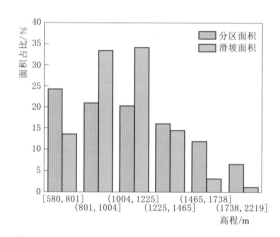

图 4.1.4 高程分区面积和滑坡面积占比图

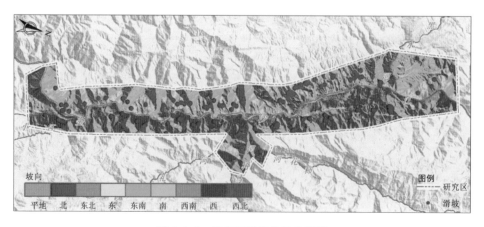

图 4.1.5 坡向与滑坡分布关系图

从图 4.1.6 可知，研究区的北、东北、西和西北坡向区间有利于滑坡的形成，而其他区间不利于滑坡的形成。

4.1.1.4　起伏度

起伏度是指一定区域内高程最高点和高程最低点之间的垂直距离差异。起伏度影响着岸坡的物理和化学风化作用，在一定程度上可以影响滑坡物质的堆积。起伏度越大，岸坡的物理风化和化学风化作用的影响就越显著，从而影响岸坡的稳定性。此外，起伏度还可以影响降水的分布和径流的形成，从而进一步影响滑坡的形成。在 ArcGIS 中采用自然间断法将研究区起伏度分为 6 个区间，并绘制白鹤滩库区蓄水前滑坡发育与起伏度的关系图（图 4.1.7），随后统计不同起伏度区间内面积比及其内滑坡面积比（图 4.1.8）。

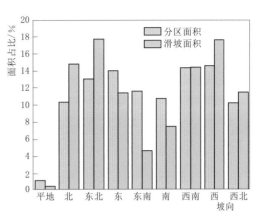

图 4.1.6　坡向分区面积和滑坡面积占比图

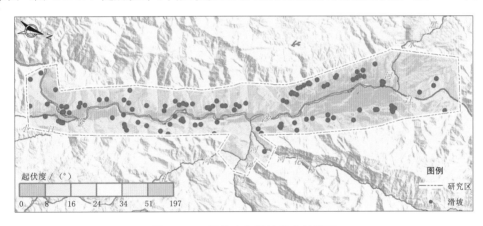

图 4.1.7　起伏度与滑坡分布关系图

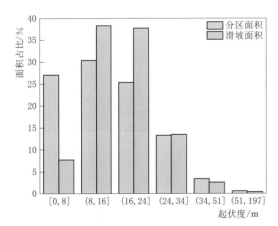

图 4.1.8　起伏度分区面积和滑坡面积占比图

从图 4.1.8 可知，随着起伏度的增大，分区内滑坡面积占比呈现先增大后减小的趋势。在研究区内 8～34m 的起伏度区间有利于滑坡的形成，尤其是 16～24m 起伏度区间，其内滑坡面积最多且分区面积较少。而其他区间不利于滑坡的形成。

4.1.1.5　坡型

坡型是影响滑坡发育的重要因素。岸坡是由各种不同的坡面所组成的，研究区内的地形剖面形态主要包括凹型、直线型和凸型。通过利用白鹤滩库区研究区的数字高程模型（DEM），可以直接提取斜坡剖面曲率，其值域为 −43.58～43.58。根据自然间断法，将剖面曲率大于 0.5 的斜坡定义为凸型坡，剖面曲率小于 −0.5 的斜坡定义为凹型坡，将剖面曲率为 −0.5～0.5 的斜坡定义为平直型坡。通过对滑坡在不同坡型上的分布进行分类，可以得到库区内不同坡型区间内栅格数量及其内滑坡栅格数量。图 4.1.9 展示了库区滑坡在不同坡型上的分布，图 4.1.10 展示了不同坡型区间内面积比及其内滑坡面积比。

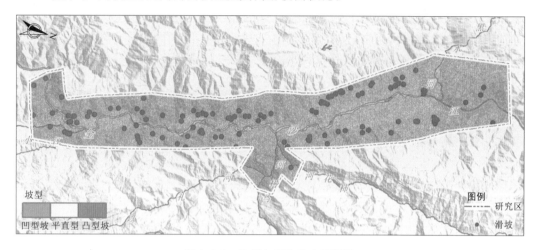

图 4.1.9　坡型与滑坡分布关系图

从图 4.1.10 可知，在研究区内的凹型坡有利于滑坡的形成，其内的滑坡面积最大，占研究区内滑坡总面积的 42.327%，平直型坡和凸型坡不利于滑坡的形成。

4.1.1.6　工程岩组

白鹤滩水电站库区范围广，地层岩性较复杂，从新生界第四系到下元古界前震旦系均有分布，岩石的软硬程度和类型以及层间结构决定岩土体的抗风化能力、物理力学强度等，对岩土体斜坡的整体稳定性造成影响，因此将其分为 7 类：冲洪积层、坡积层、崩滑堆积层、软弱岩组、较软弱岩组、较坚硬岩组、坚硬岩组，并在 ArcGIS 中得出白鹤滩库区蓄水前滑坡发育与工程岩组的关系图（图 4.1.11），随后统计不同坡度区间内面积比及其内滑坡面积比（图 4.1.12）。

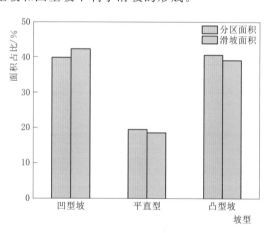

图 4.1.10　坡型分区面积和滑坡面积占比图

从图 4.1.12 可知，研究区内软弱岩组和崩滑堆积层有利于滑坡的形成，崩滑堆积层对滑坡的形成影响最大。其余工程岩组不利于滑坡的形成，尤其是冲洪积层和坚硬岩组，这主要是由于坚硬岩组工程性质较好，力学强度强，斜坡体稳定性较好，是不易发生滑坡灾害的岩组，而冲洪积层多数分布在靠近金沙江的平缓岸坡处，其下滑力小，发生滑坡的可能也很小。

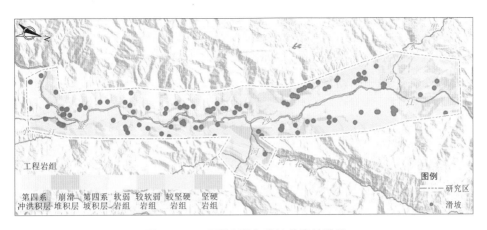

图 4.1.11　工程岩组与滑坡分布关系图

4.1.1.7　地质构造

地质构造既控制地形地貌，又可控制岩层的岩体结构及其组合特征，对地质灾害的发育起综合控制作用。研究区位于康滇地轴（Ⅱ₁）和上扬子台褶带（Ⅱ₄）两个二级大地构造单元的交界处，区域断裂发育，主要断裂构造为安宁河断裂、则木河断裂和小江断裂，其中还发育多条小型断层。区内经历多次构造变动，同时伴有地震活动，在多期次构造活动的破坏下，岩石裂隙发育，完整性较差，加之强烈的风化剥蚀作用，使得岩体强度降低容易发生滑坡。在 ArcGIS 中采用自然间断法将研究区断层密度分为 6 个区间，并绘制白鹤滩库区蓄水前滑坡发育与断层密度的关系图（图 4.1.13），随后统计不同断层密度区间内面积比及其内滑坡面积比（图 4.1.14）。

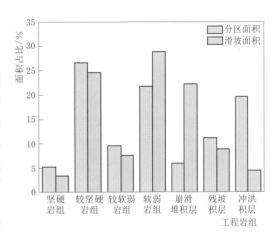

图 4.1.12　工程岩组分区面积和滑坡面积占比图

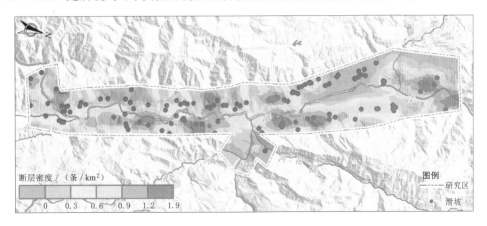

图 4.1.13　断层密度与滑坡分布关系图

从图 4.1.14 可知，研究区内大于 0.9 条/km² 的断层密度区间有利于滑坡的形成，且在 0.9~1.2 条/km² 的断层密度区间里滑坡面积占比最大，占研究区内滑坡的 29.38%。其余区间不利于滑坡的发育。

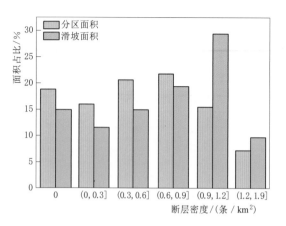

图 4.1.14 断层密度分区面积和滑坡面积占比图

4.1.1.8 距河流距离

河流是影响滑坡形成和演化的重要因素之一。研究区域内有多条河流，以金沙江为代表。这些河流通过下蚀和侧蚀作用改变岸坡地表形态和内部结构，增加了岸坡失稳的风险。在 ArcGIS 中采用自然间断法将研究区距河流距离分为 6 个区间，并绘制白鹤滩库区蓄水前滑坡发育与距河流距离的关系图（图 4.1.15），随后统计距河流不同距离区间内面积比及其内滑坡面积比（图 4.1.16）。

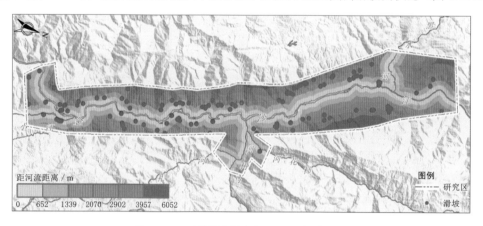

图 4.1.15 距河流距离与滑坡分布关系图

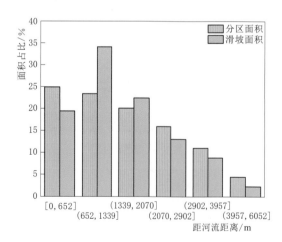

图 4.1.16 距河流距离分区面积和滑坡面积占比图

从图 4.1.16 可知，在 652~1339m 的河流距离内发育的滑坡最多，占总滑坡的 34.07%，且滑坡面积占比大于分区面积占比，其有利于滑坡的形成，这与河流的下蚀作用使得坡体上部岩体先被风化剥蚀有一定的关系。

4.1.1.9 土地利用

边坡地表不同的覆盖类型对于坡体风化剥蚀有较大的影响。根据研究区实际的土地利用情况将其分为 6 类，分别是耕地、森林、草地、灌木地、湿地和人造地表，研究区滑坡发育与土地利用关系如图

4.1.17 所示，随后统计不同土地利用区间内面积比及其内滑坡面积比（图 4.1.18）。

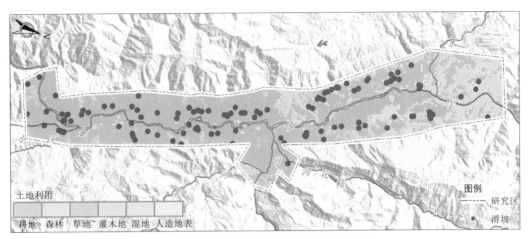

图 4.1.17　土地利用与滑坡分布关系图

从图 4.1.18 可知，在草地上发育的滑坡数量最多，占研究区内滑坡的 68.34%，且滑坡面积占比远大于分区面积占比，草地有利于滑坡的形成。

4.1.2　易发性评价方法

滑坡易发性评价模型的优劣将直接决定滑坡易发性评价的精度，随着滑坡易发性研究的不断应用与发展，研究发现基于数据驱动模型的易发性结果明显优于基于经验驱动模型的结果，因此本书主要探究基于数据驱动模型的易发性结果对水库滑坡的预测情况。在基于数据驱动模型的易

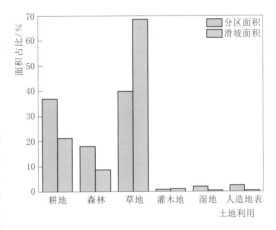

图 4.1.18　土地利用分区面积和滑坡面积占比图

发性评价中，数据驱动模型是联系评价因子和历史灾害数据的桥梁。现今的数据驱动模型主要有以下两类：①以信息量（田述军等，2019）、频率比（李文彦和王喜乐，2020）和证据权等模型（白光顺等，2022）为代表的统计模型；②以随机森林（王雪冬等，2022；Khan，2022）、逻辑回归（罗路广等，2021）和支持向量机（李坤等，2022）等方法为代表的机器学习模型。在基于数据驱动的区域滑坡易发性评价研究与应用中发现，优秀的机器学习模型应用于区域滑坡易发性评价的精度要高于统计模型（Huang et al.，2022；Mehrabi，2022；Merghadi et al.，2020；Naceur et al.，2022），并且将统计模型与机器学习模型进行易发性评价可提高结果精度。

4.1.2.1　证据权模型（weight of evidence，WOE）

证据权模型是一种定量分析模型，该模型以贝叶斯统计模型作为基础，进一步分析已知滑坡地区的影响因子（如坡度、坡向、工程岩组等）之间的空间关系，求取各个因子对

于滑坡发生的权重值（张艳玲等，2012）。

在证据权模型里，需计算积极与消极的权重值，计算公式为

$$W_+ = \ln\left(\frac{npix_1/(npix_1+npix_2)}{npix_3/(npix_3+npix_4)}\right) \tag{4.1.1}$$

$$W_- = \ln\left(\frac{npix_2/(npix_1+npix_2)}{npix_4/(npix_3+npix_4)}\right) \tag{4.1.2}$$

式中：$npix_1$ 为所选因子图层中已发生滑坡的栅格个数；$npix_2$ 为整片区域中已发生滑坡的栅格个数减去所选因子图层中已发生滑坡的栅格个数；$npix_3$ 为所选因子图层中的栅格个数减去所选因子图层中已发生滑坡的栅格个数；$npix_4$ 为整片区域的所有栅格个数加上所选因子图层中已发生滑坡的像素个数减去整片区域中已发生滑坡的栅格个数以及所选因子图层中的栅格个数。

最后的贡献值的计算公式为

$$W_{map} = W_{plus} + W_{mintotal} - W_{min} \tag{4.1.3}$$

式（4.1.3）中 W_{plus} 为式（4.1.1）中的 W_+；W_{min} 为式（4.1.2）中的 W_-；$W_{mintotal}$ 为所选因子的所有 W_- 之和。

4.1.2.2 随机森林模型（random forest，RF）

随机森林模型是一种集成方法，其基于不同的数据子集构建多个决策树，如图 4.1.19 所示。该方法引入了对样本和特征的随机采样，相较于单一决策树，其能够提高模型的精度和稳定性。通过对多个决策树的判断结果进行投票，可以得到最终结果。大量研究表明，随机森林模型在算法、异常值和噪声方面具有很高的容错率，能够处理多维数据（Liu et al.，2021）。

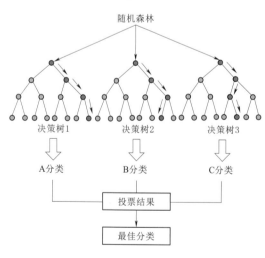

图 4.1.19 随机森林模型

随机森林模型的关键在于将 N 个独立的决策树组合成一个模型，该模型中的每个决策树均对样本进行分类或预测。不同的决策树 $y_1(X)$、$y_2(X)$、…、$y_n(X)$ 可通过机器学习得到，进而构建随机森林模型。其公式如下：

$$\gamma(x) = \arg_z^{\max} \sum_{i=1}^{k} \mathrm{I}(y_i(X)=Z) \tag{4.1.4}$$

式中：$\gamma(x)$ 为随机森林模型；$y_i(X)$ 为单个决策树模型；Z 为输出变量；I 为显函数。

随机森林模型能够有效处理大规模数据集，处理成千上万的输入变量而无需进行特征选择。即使预测变量数目极大地超过观测值数据，随机森林模型也能够有效处理。此外，森林建立过程中会产生一个对一般误差的无偏估计，不会出现过度估计的问题（何书等，2022）。

4.1.3　库岸滑坡易发性评价

计算和评价单元是滑坡易发性评价的基础，综合考虑研究区大小和研究需要，本书选用 12.5m×12.5m 的栅格单元作为计算和评价单元。

4.1.3.1　滑坡评价因子分析

滑坡的发生是不同评价因子影响的结果，因此选取恰当的评价因子是滑坡易发性评价的关键（黄发明等，2022）。根据上文研究区滑坡实际发育情况，选用坡度、高程、坡向、起伏度、坡型、工程岩组、地质构造、距河流距离和土地利用等评价因子进行分析。

基于数据驱动的滑坡易发性评价需选取影响滑坡发育的因子，通常各评价因子之间存在一定的相关性。大量的研究发现，选取存在高度相关的评价因子会在一定程度上降低模型预测精度。所以为保证各评价因子间的相互独立性和评价结果的可靠性，需要对各评价因子进行独立性检验（刘璐瑶和高惠瑛，2023）。因此采用皮尔逊相关系数对各评价因子进行相关性检验以选择最佳评价因子。

将各评价因子赋值到 ArcGIS 中后，运用"创建随机点"工具随机选取 2000 个样本点并导入到 Excel 表里，然后将其导入到 SSPS 软件中进行评价因子相关性检验，各评价因子的相关性结果如图 4.1.20 所示。根据对相关性大小的划分标准，当 $R<0.3$ 时，认为各因子之间不相关，而坡度与起伏度、距河流距离与高程的相关程度都大于 0.3，因此将高程和起伏度这两个评价因子剔除。最后采用的评价因子为坡度、坡向、坡型、距河流距离、工程岩组、断层密度和土地利用，其中坡度、坡向、坡型、距河流距离和断层密度为连续变量，工程岩组和土地利用为分类变量。

采用式（4.1.3）分别计算坡度、坡向、坡型、距河流距离、工程岩组、断层密度和

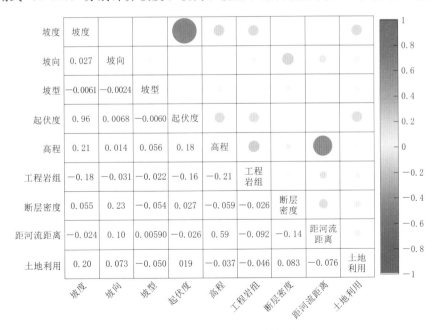

图 4.1.20　评价因子相关矩阵

土地利用的证据权值（表 4.1.1）。

表 4.1.1   不同评价因子的证据权值

评价因子	分级区间	W_{map}	评价因子	分级区间	W_{map}
坡度	0~10	−2.526	距河流距离	2902~3957	−0.443
	10~19	−0.721		>3957	−0.892
	19~27	0.149	工程岩组	坚硬岩组	−0.738
	27~35	0.346		较坚硬岩组	−0.396
	35~45	−0.134		较软弱岩组	−0.552
	>45	−0.518		软弱岩组	0.094
坡向	平地	−0.954		崩滑堆积层	1.280
	北	0.260		残坡积层	−0.558
	东北	0.209		冲洪积层	−1.964
	东	−0.401	断层密度	0	−0.495
	东南	−1.174		0~0.31	−0.591
	南	−0.559		0.31~0.6	−0.608
	西南	−0.154		0.6~0.9	−0.360
	西	0.069		0.9~1.21	0.632
	西北	−0.03		>1.21	0.118
坡型	凹型坡	0.060	土地利用	耕地	−1.437
	平直型	−0.105		森林	−1.508
	凸型坡	−0.105		草地	0.554
距河流距离	0~652	−0.511		灌木地	−0.472
	652~1339	0.356		湿地	−3.300
	1339~2070	−0.043		人造地表	−2.313
	2070~2902	−0.426			

4.1.3.2 评价过程及结果

以 7 个评价因子的证据权值作为输入值，是否发生滑坡作为输出值，采用随机森林模型进行分类计算得到研究区滑坡易发性制图结果，具体步骤如下：

（1）在研究区滑坡范围内随机提取 1000 个滑坡栅格单元，并将其易发性赋值为 1；同时在非滑坡范围随机选取 1000 个非滑坡栅格单元，并将其易发性赋值为 0。

（2）按 7∶3 将前述 2000 个栅格单元随机划分为训练集和测试集。将训练集对应栅格单元不同属性的证据权值作为输入变量，将是否为滑坡栅格单元作为输出变量，利用随机森林模型进行训练。

（3）通过测试集计算后，将研究区内所有栅格点不同属性的证据权值作为输入变量利用训练好的随机森林模型预测全区域的滑坡易发性指数。

（4）将滑坡易发性指数导入到 ArcGIS 中，并按照自然间断法划分为低易发区、中易发性区、高易发区和极高易发性区 4 个易发性级别（图 4.1.21）。

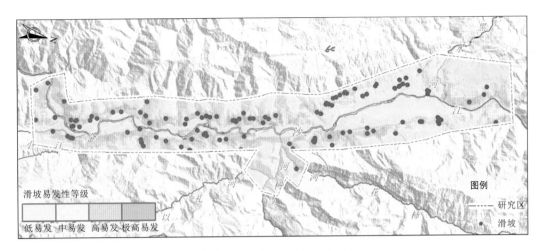

图 4.1.21　证据权-随机森林耦合模型的滑坡易发性结果

统计图 4.1.21 中研究区内各易发区面积可得表 4.1.2。

表 **4.1.2** 　　　　　　　　　　　　研究区滑坡易发区面积

易发性分区	面积/km²	比例/%	易发性分区	面积/km²	比例/%
低	274.12	46.99	极高	32.43	5.56
中	175.01	30.00	合计	583.36	100.00
高	101.80	17.45			

从表 4.1.2 可知，研究区内滑坡易发区面积从低易发区到极高易发区在不断减少。研究区内滑坡易发区主要以中、低易发区为主，其中低易发区占研究区的面积最多，为46.99%；而极高易发区的面积在研究区内分布最少，仅为 32.43km²，其集中分布在坡度较大且断层密度较密集区域，同时受工程岩组的影响较大，主要分布在崩滑堆积层和软弱岩组区域，这些区域在库水的影响下极易发生破坏。

4.2　基于区域稳定性评价的蓄水库岸滑坡预测

4.1 节详细阐述了基于易发性评价的库岸滑坡预测方法，本节将对基于区域边坡稳定性评价的库岸滑坡预测方法进行论述。与基于数据驱动的易发性评价不同，基于区域边坡稳定性评价的滑坡预测方法是指在物理模型中采用控制地貌过程的物理属性（黏聚力、内摩擦角和重度等）计算边坡稳定性，并通过岸坡稳定性的大小反应滑坡发生概率。因为物理模型是从地貌因素、地下水位变动情况和岩土体参数等角度计算研究区稳定性评价结果，因此其能很好地呈现滑坡发生机理，也能一定程度上预测蓄水库岸滑坡。本节拟在研究区覆盖层厚度图层、岩土体参数的基础上，使用 Scoops 3D 模型进行蓄水期水库滑坡预测。

4.2.1　Scoops 斜坡稳定性模型

Scoops 3D 模型是一种稳定性模型，由美国地质调查局开发，用于计算区域三维边坡稳定性系数（Tran et al.，2018）。该模型将岸坡划分为多个三维体，并以此为力学分析基础进行稳定性计算，如图 4.2.1（a）所示。在地表上方的特定区域内，生成多个球心以获得大量球体，球体表面与地表相交所围区域即为潜在滑体。随后，采用三维稳定性计算方法对潜在滑体内的三维柱体进行稳定性计算。其中，$R_{20,37}$ 是三维柱体底至转动轴距离；$e_{20,37}$ 是施加水平震动荷载到柱中心与转动轴的垂向距离；δ 是潜在滑体滑动方位角。

Scoops 3D 模型计算稳定性系数 F_s 时采用力矩平衡方法（简化的 Bishop 法）进行计算：

$$F_s = \frac{\sum R_{i,j}\left[c_{i,j}A_{i,j}+(W_{i,j}-u_{i,j}A_{i,j})\tan\varphi_{i,j}\right]m_{i,j}}{\sum W_{i,j}(R_{i,j}\sin\alpha_{i,j}+k_{i,j}e_{i,j})F_s} \qquad (4.2.1)$$

$$m_{i,j}=\cos\beta_{i,j}F_s+\sin\alpha_{i,j}\tan\varphi_{i,j} \qquad (4.2.2)$$

式中：$A_{i,j}$ 为潜在滑面的表面积 ［图 4.2.1（b）］；$\alpha_{i,j}$ 为潜在滑面视倾角；$\beta_{i,j}$ 为潜在滑面倾角；$W_{i,j}$ 为三维柱体重量；$u_{i,j}$ 为作用在潜在滑面上的孔隙水压力；$k_{i,j}$ 为三维柱体中心受到的水平振动荷载；$c_{i,j}$ 和 $\varphi_{i,j}$ 为潜在滑面的抗剪强度参数；$R_{i,j}$ 为转动轴到潜在三维柱体滑面的距离，在三维中随着柱体位置的改变而变化。

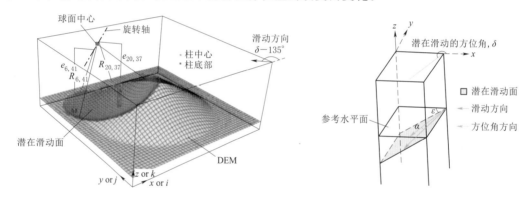

(a) 锥形DEM和一个潜在失效（试验）表面的3D透视图   (b) 显示滑动方向和作用于3D柱的力的示意图

图 4.2.1 三维模型计算原理示意图

Scoops 3D 模型基于 DEM 数据，通过考虑地形、岩土体属性和地下水的三维分布，计算每个网格的最小稳定性系数 F_s。将研究区岸坡稳定性划分为 4 个等级，由不稳定到稳定依次划分为 $F_s<1.0$、$1.0\leqslant F_s<1.25$、$1.25\leqslant F_s<1.5$ 和 $1.5\leqslant F_s$。

4.2.2 数据准备

使用稳定性模型进行白鹤滩水库滑坡预测研究的数据来源包括白鹤滩研究区的地形图（1m 等高距）、钻孔柱状图和地质图（1∶10000）等。为了提高模型计算效率，评价单元采用分辨率为 12.5m×12.5m 的栅格单元。稳定性模型所需的基本参数包括研究区的数字高程模型、地下水位埋深、覆盖层厚度和岩土体参数等。在 ArcGIS 中使用研究区内的等高线文件制作数字高程模型；覆盖层厚度是边坡稳定性研究和土壤保护研究等许多地质环境研究的重要参数。目前，如何获取研究区内精确的覆盖层厚度分布数据是一个难点，4.2.2.1 节将详细介绍获取研究区覆盖层厚度数据的思路；地下水位埋深和岩土体参数等数据将简要介绍。

4.2.2.1 覆盖层厚度计算

在进行岸坡稳定性计算时，边坡的覆盖层厚度将直接决定滑坡的规模，是稳定性计算模型中的重要参数。

目前对于覆盖层的计算主要有以下几种方法：①通过建立坡度与覆盖层厚度的简单线性分布函数（He et al.，2021；Viet et al.，2017），以此确定研究区覆盖层厚度的空间分布；②通过已有的覆盖层厚度数据点进行克里金插值得到区内覆盖层数据图；③以已有覆盖层厚度数据点为训练样本，使用机器学习模型建立多因子与覆盖层厚度的非线性关系，得到区内覆盖层厚度数据。

由于研究区地貌表现为高山峡谷兼多级夷平面和阶地的特点，研究区土壤厚度在空间上变化很大，通过简单线性分布函数和克里金插值难以全面建立研究区域土壤厚度的空间分布。因此，采用机器学习模型解决研究区覆盖层厚度的问题。

使用机器学习模型计算覆盖层厚度图层所需数据有数字高程模型以及钻孔柱状图。数字高程模型由来自于中国电建集团华东勘测设计研究院有限公司提供的间距为1m的等高线数据转换而成。研究区内共采集了528个钻孔点，其内包含土层覆盖层厚度，它们均来自于中国电建集团华东勘测设计研究院有限公司项目组。钻孔点分布如图4.2.2所示，由于这些钻孔主要调查的是复建省道地下地质情况，因而其主要呈现线状分布。

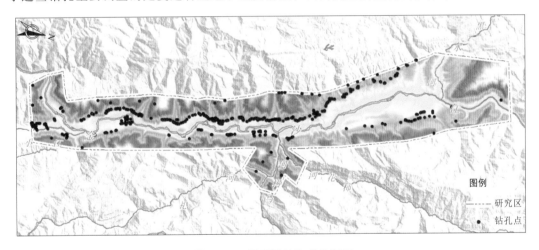

图 4.2.2　研究区钻孔点分布图

斜坡的坡度一定程度上会影响斜坡上块体运动的速度、土壤流失与侵蚀过程，因此其对研究区内覆盖层的影响较大；同时现场调查发现区内覆盖层在不同的高程上分布差异较大；并且研究区内发育有金沙江等多条河流，河流的冲蚀作用会在一定程度上影响区内的覆盖层厚度，在江河附近分布有厚度较深冲洪积层；研究区内边坡地形湿度指数（TWI）也能在一定程度上影响覆盖层厚度，因此选择高程、坡度、距河流距离和地形湿度指数（图4.2.3）等栅格数据作为覆盖层厚度的评价因子。

将评价因子作为输入值，覆盖层厚度作为输出值，采用随机森林模型进行回归计算得到研究区覆盖层厚度（图4.2.4），具体步骤与滑坡易发性评价类似。根据研究区覆盖层

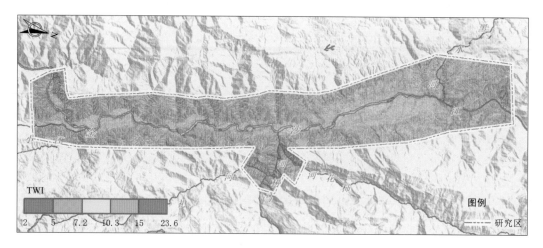

图 4.2.3　研究区地形湿度指数

厚度评价结果，靠近金沙江河道附近岸坡的覆盖层普遍较厚，特别是在巧家县县城、大崇乡等地区，多在 50m 左右，而因为松散堆积体受自身重力的影响很难在坡度较陡的岸坡上停留固定，因此在陡峭的边坡上覆盖层较薄，与现场实际情况基本一致。

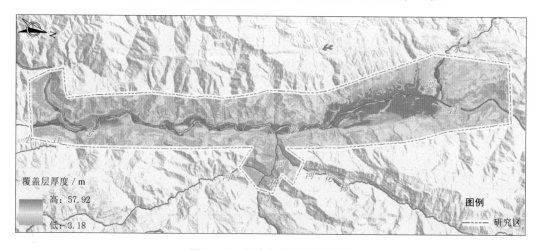

图 4.2.4　研究区内覆盖层厚度

4.2.2.2　地下水位数据

使用 Scoops 3D 模型计算库水作用下斜坡稳定性时，最为关键的输入数据之一是在不同库水位高程和抬升速率时的地下水浸润线。研究中岸坡浸润线变化采用 Boussinesq 一维非稳定渗流方程（Zissis et al.，2001）计算，在相关假设的边界条件和初始条件，水位升降的半无限含水层中地下水的非稳定渗流简化为以下模型方程（王志浩等，2021）：

$$\eta = \frac{x}{2}\sqrt{\frac{\mu}{Kht}} \tag{4.2.3}$$

$$M(\eta) = \begin{cases} 0.11\eta^4 - 0.75\eta^3 + 1.93\eta^2 - 2.23\eta + 1 & (0 \leqslant \eta < 2) \\ 0 & (\eta \geqslant 2) \end{cases} \tag{4.2.4}$$

$$h_{x,t} = \begin{cases} h_{0,t} + v_0 t M(\eta) & (0 \leqslant \eta < 2) \\ h_{0,0} & (\eta \geqslant 2) \end{cases} \qquad (4.2.5)$$

式中：$h_{x,t}$ 为水库水位上升时岸坡的浸润线高度，m；η 为误差系数；x 为距离水位线的水平距离，m；μ 为给水度；K 为岩土体渗透系数，m/d；h 为潜水层的平均厚度，用水库的水位升降周期开始和结束时的差值代替，m；t 为水位变动时间，d；$M(\eta)$ 为拟合多项式；$h_{0,t}$ 为水库变动时的水位，m；v_0 为水库的水位升降速率，m/d；$h_{0,0}$ 为水库上升前的水位，m。

2021年4月，举世瞩目的白鹤滩水电站下闸蓄水，首次试验性蓄水期库水调节计划为：从4月初到4月中旬，库区水位从660m上升到700m，库水位平均每天上升2.6m；至4月底，库区水位从700m上升到735m，库水位平均每天上升2.3m。随后库区水位上升速率降低，从5月初到6月中旬，库水位从735m上升到770m，水位上升速率为0.6m/d，并在770m水位停留两个月后才再次蓄水。水电站在8月中旬再次蓄水，库水位在10月初时被抬升至首次试验性蓄水期的最高水位815m，水位上升速率为0.8m/d，并在最高蓄水位停留15天后才再次对库水位进行调节。

因此根据蓄水计划并采用地下水计算公式分别计算蓄水前、蓄水至700m时、蓄水至735m时、蓄水至770m时和蓄水至815m时地下水位分布情况。

4.2.2.3　岩土体参数

根据研究区成因土体的不同和试验参数统计数据（该数据由中国电建集团华东勘测设计研究院有限公司提供）确定稳定性计算中所需要的物理力学参数（表4.2.1）。

表 4.2.1　　　　　　　　　　　土壤物理力学参数汇总

成因类别	黏聚力 c /kPa			内摩擦角 φ /(°)			土壤天然重度 U_{ws}/(kN/m³)			土壤饱和重度 U_s/(kN/m³)		
	最大值	最小值	平均值	最大值	最小值	平均值	最大值	最小值	平均值	最大值	最小值	平均值
Q^{del}	33.2	12	23	35.3	20.2	28.4	20.5	19.7	20.1	23.0	20.2	21.4
Q^{col+dl}	26.3	10	18	35.4	30.1	31.4	21.2	20.4	20.4	23.6	22.3	22.6
Q^{pl}	22.4	15	19	35.2	15.0	25.4	24.1	17.5	20.6	26.4	19.6	23.4
Q^{alp}	22.8	18	21	25.2	16.2	20.1	22.5	17.7	19.4	25.5	18.8	21.4
Q^{al}	15.1	10	13	35.3	25.4	29.4	21.3	19.5	20.4	21.5	20.6	21.2
Q^{eld}	21.7	16	18	40.4	25.3	31.4	21.2	18.5	19.4	24.5	22.7	23.7

4.2.3　库岸滑坡稳定性制图

使用Scoops 3D模型计算库水变动条件下的边坡稳定性区划结果，其中模型的输入数据有研究区12.5m分辨率的高程数据、根据研究区土壤物理力学参数制作的三维地层数据以及通过地下水公式计算的不同蓄水位时的地下水数据。

本书着重研究库水对库岸边坡稳定性的影响，因此未考虑地震荷载对研究区稳定性的影响，即在模型中设置水平拟加速度系数为0；在模型中选择毕肖普简化法作为稳定性计算方法；搜索方式选择箱型搜索；研究区内滑坡的体积主要集中分布在 $1 \times 10^4 \sim 1 \times$

$10^7 \mathrm{m}^3$ 区间内，因此模型中设置的最大和最小体积为 $1 \times 10^7 \mathrm{m}^3$ 以及 $1 \times 10^4 \mathrm{m}^3$；模型检索的半径增长速率设置每次增加 25m；最低和最高检索高程分别为 650m 和 3000m，其余的参数默认即可。

4.2.3.1 蓄水前

在 Scoops 3D 模型按上述设置计算蓄水前库岸边坡稳定性区划结果（图 4.2.5），其不同稳定性分区面积见表 4.2.2。计算结果表明，蓄水前研究区内岸坡大部分处于稳定状态（$1.25 \leqslant F_s \leqslant 10$），稳定区面积占研究区面积的 79.71%，总面积达 464.97km²，其主要分布于巧家县城、鲁吉乡、野牛坪乡、溜姑乡、金塘乡等乡镇区域，这些区域多为平地；而不稳定岸坡（$0 \leqslant F_s < 1.00$）面积占研究区面积的 10.63%，总面积为 62.02km²，这些不稳定的岸坡主要分布在研究区土体性质较差的陡坡处。

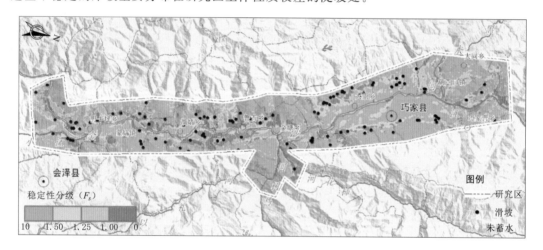

图 4.2.5 蓄水前库岸边坡稳定性区划结果

表 4.2.2　　　　　　　　　　　研究区蓄水前稳定性分区面积

稳定性（F_s）	面积/km²	比例/%	稳定性（F_s）	面积/km²	比例/%
$1.50 \leqslant F_s \leqslant 10$	400.98	68.74	$0 \leqslant F_s < 1.00$	62.02	10.63
$1.25 \leqslant F_s < 1.50$	63.99	10.97	合计	583.36	100.00
$1.00 \leqslant F_s < 1.25$	56.37	9.66			

4.2.3.2 蓄水至 700m

当库水位蓄至 700m 时，在 Scoops 3D 模型中除将地下水位文件进行修改外，其余参数保持不变，最后计算得到蓄水至 700m 时库岸边坡稳定性区划结果（图 4.2.6），其不同稳定性分区面积见表 4.2.3。将表 4.2.2 与表 4.2.3 对比可以得出，在库水的作用下，研究区岸坡的稳定性出现降低的情况，研究区处于不稳定（$0 \leqslant F_s < 1.00$）的岸坡增加了 0.95%，面积增长 5.54km²，但研究区岸坡多数还是处于稳定状态（$1.25 \leqslant F_s \leqslant 10$），其占研究区面积的 78.15%，面积达 455.88km²。与未蓄水前相似的是，稳定岸坡主要位于巧家县城、蒙姑镇、野牛坪乡、金塘乡、大崇乡等乡镇，而不稳定区主要集中分布在研究区内坡度较陡区域，其中研究区内不稳定区增长的区域主要集中在河道附近。

图 4.2.6 蓄水至 700m 时库岸边坡稳定性区划结果

表 4.2.3　研究区蓄水至 700m 时稳定性分区面积

稳定性（F_s）	面积/km²	比例/%	稳定性（F_s）	面积/km²	比例/%
$1.50 \leqslant F_s \leqslant 10$	389.26	66.73	$0 \leqslant F_s < 1.00$	67.56	11.58
$1.25 \leqslant F_s < 1.50$	66.62	11.42	合计	583.36	100.00
$1.00 \leqslant F_s < 1.25$	59.92	10.27			

4.2.3.3　蓄水至 735m

在 Scoops 3D 模型中选择蓄水至 735m 时的地下水位文件，其余的参数不变，计算得到蓄水至 735m 时库岸边坡稳定性区划结果（图 4.2.7），其不同稳定性分区面积见表 4.2.4。将表 4.2.3 与表 4.2.4 对比可以得出，随着库水位的上涨，研究区岸坡的稳定性再次出现降低的情况，相比于 700m 水位时，研究区内不稳定（$0 \leqslant F_s < 1.00$）的岸坡增加了 1.06%，面积增长 6.17km²，且欠稳定区（$1.00 \leqslant F_s < 1.25$）的面积也有所增加。但研究区岸坡多数还是处于稳定状态（$1.25 \leqslant F_s \leqslant 10$），其占研究区的 76.61%，面积达

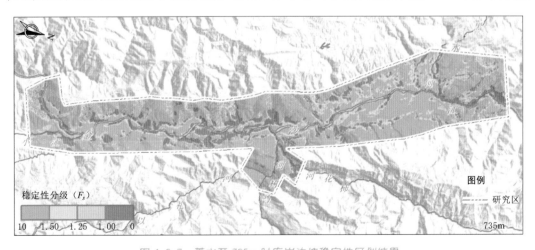

图 4.2.7 蓄水至 735m 时库岸边坡稳定性区划结果

446.87km²。稳定岸坡还是主要位于巧家县城、蒙姑镇、野牛坪乡、金塘乡、大崇乡等乡镇，与之前两个稳定性结果相比未出现太大的变化，研究区内不稳定区增长的区域主要集中在河道附近。

表 4.2.4   研究区蓄水至 735m 时稳定性分区面积

稳定性（F_s）	面积/km²	比例/%	稳定性（F_s）	面积/km²	比例/%
$1.50 \leqslant F_s \leqslant 10$	379.99	65.14	$0 \leqslant F_s < 1.00$	73.74	12.64
$1.25 \leqslant F_s < 1.50$	66.88	11.47	合计	583.36	100.00
$1.00 \leqslant F_s < 1.25$	62.75	10.75			

4.2.3.4　蓄水至 770m

按照之前的操作步骤，计算得到蓄水至 770m 时库岸边坡稳定性区划结果（图 4.2.8），其不同稳定性分区面积见表 4.2.5。将表 4.2.4 与表 4.2.5 对比得出，随着库水位的上涨，研究区岸坡的稳定性再次出现降低的情况。相比于 735m 水位时，研究区内不稳定（$0 \leqslant F_s < 1.00$）的岸坡增加了 1.92%，面积增长 11.21km²。研究区稳定岸坡（$1.25 \leqslant F_s \leqslant 10$）有所减少但还以其为主，占区内面积的 74.47%，面积达 434.44km²。稳定岸坡还是主要位于巧家县城、蒙姑镇、野牛坪乡、金塘乡、大崇乡等乡镇，与之前稳定性结果相比未出现太大的变化，研究区内不稳定区增长的区域也还是主要集中在河道附近。

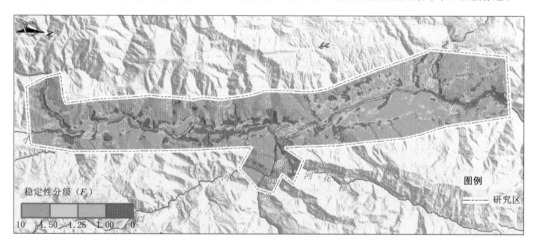

图 4.2.8　蓄水至 770m 时库岸边坡稳定性区划结果

表 4.2.5   研究区蓄水至 770m 时稳定性分区面积

稳定性（F_s）	面积/km²	比例/%	稳定性（F_s）	面积/km²	比例/%
$1.50 \leqslant F_s \leqslant 10$	368.54	63.17	$0 \leqslant F_s < 1.00$	84.94	14.56
$1.25 \leqslant F_s < 1.50$	65.90	11.30	合计	583.36	100.00
$1.00 \leqslant F_s < 1.25$	63.98	10.97			

4.2.3.5　蓄水至 815m

按照上述操作，计算得到蓄水至 815m 时库岸边坡稳定性区划结果（图 4.2.9），其不同稳定性分区面积见表 4.2.6。将表 4.2.5 与表 4.2.6 对比可以得出，随着库水位的上涨，研究区岸坡的稳定性再次出现降低的情况，相比于 770m 水位时，研究区内不稳定（$0 \leqslant F_s < 1.00$）的岸坡增加了 1.95%，面积增长 11.42km²，相比于其他水位，其不稳定区增加的面积较多。

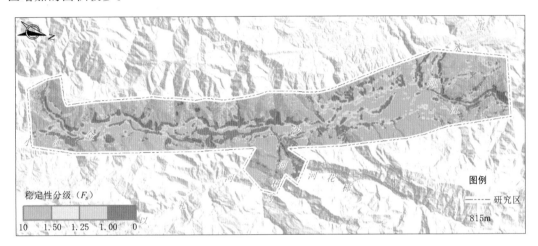

图 4.2.9　蓄水至 815m 时库岸边坡稳定性区划结果

表 4.2.6　　　　　　　　研究区蓄水至 815m 时稳定性分区面积

稳定性（F_s）	面积/km²	比例/%	稳定性（F_s）	面积/km²	比例/%
$1.50 \leqslant F_s \leqslant 10$	356.35	61.09	$0 \leqslant F_s < 1.00$	96.36	16.51
$1.25 \leqslant F_s < 1.50$	64.35	11.03	合计	583.36	100.00
$1.00 \leqslant F_s < 1.25$	66.30	11.37			

将不同水位下的稳定性结果进行对比可得图 4.2.10 和图 4.2.11。从图 4.2.10 可知，在首次试验性蓄水期，研究区内临江岸坡稳定性出现降低的情况，且稳定性降低区域多分布在坡度较陡的区域，因为随着坡度的增大，剪应力在坡脚汇集并随之增大，导致坡脚的

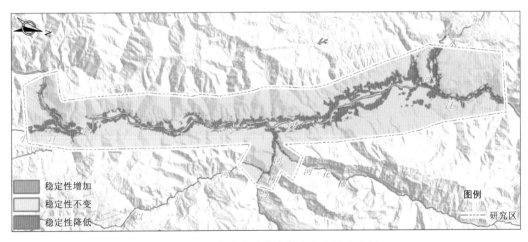

图 4.2.10　库岸边坡稳定性变化空间分布图

岩体强度减小，因此在蓄水的作用下更易发生变形破坏。而研究区内大部分岸坡在蓄水作用下稳定性未发生变化，其中有极少量的岸坡稳定性出现增加的情况。

从图 4.2.11 可知随着蓄水位的上升，研究区内的不稳定岸坡的比例在不断增加，而相应的区内稳定岸坡的比例却在不断减少，即使研究区经历了首次试验性蓄水，区内大部分岸坡还是处于稳定状态，稳定区占研究区面积的 80% 左右。

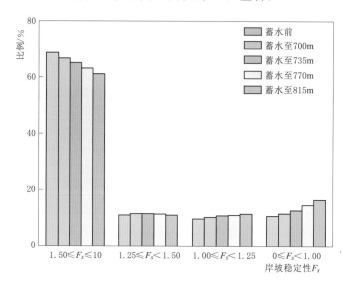

图 4.2.11 研究区不同水位稳定性结果对比

4.3 基于矩阵模型的蓄水库岸滑坡预测

4.3.1 库岸滑坡矩阵预测模型

水库滑坡是地质环境因素以及水动力诱发因素综合作用的结果。在缺乏研究区水库滑坡数据的情况下，基于数据驱动的滑坡易发性结果对于水库滑坡的预测准确性可能较低；而单纯考虑地貌因素和岩土体参数的稳定性区划结果虽然对水库滑坡预测的准确性可能较高，但由于模型简化、没有考虑岩土体结构和力学参数的变异性，过度预测将会很严重。将滑坡易发性结果与岸坡稳定性结果相耦合，按照图 4.3.1 所示的矩阵确定水库滑坡预测等级，该矩阵模型充分结合了上述两种结果在水库滑坡预测的优点，可以很好地在蓄水前对研究区内的水库滑坡进行预测。

4.3.2 蓄水前

使用矩阵的方法将证据权-随机森林模型（WOE-RF）的滑坡易发性结果与蓄水前 Scoops 3D 模型的稳定性区划结果进行结合得到研究区蓄水前库岸滑坡预测结果（图 4.3.2）。依据图 4.3.2 计算得到研究区内库岸滑坡预测结果面积占比，具体结果见表 4.3.1。由表 4.3.1 可知：矩阵模型结果显示蓄水前滑坡发生概率极高区域只占区内面积

稳定系数（F_s）

	$F_s<1.00$	$1.00{\leqslant}F_s<1.25$	$1.25{\leqslant}F_s<1.50$	$1.50{\leqslant}F_s$
极高易发区	EH	EH	H	M
高易发区	EH	H	H	L
中易发区	H	M	L	L
低易发区	M	L	L	L

EH（红）＝极高；H（橙）＝高；M（黄）＝中；L（绿）＝低

图 4.3.1　考虑滑坡易发性和稳定性的水库滑坡等级预测矩阵

的 6.52％，面积只有 38.01km²；研究区内绝大部分区域为滑坡发生低概率区，占研究区面积的 78.23％，面积达 456.39km²；滑坡发生高概率区面积最少，只占研究区面积的 6.48％，面积只有 37.79km²。从空间分布上来看：滑坡发生概率极高区主要分布在研究区内坡度较大、较为陡峭的坡体。从图 4.3.2 中可以发现蓄水前滑坡点主要分布在滑坡发生概率极高区，由此说明滑坡预测结果较为准确。

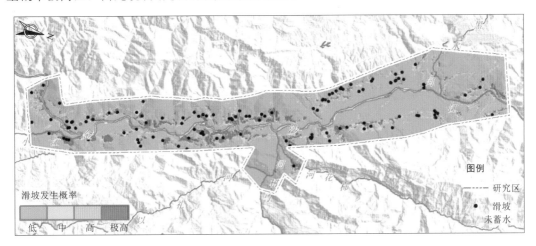

图 4.3.2　蓄水前库岸滑坡预测结果

表 4.3.1　　　　　　　　　　　　　蓄水前库岸滑坡预测结果统计

滑坡发生概率	面积/km²	比例/%	滑坡发生概率	面积/km²	比例/%
低	456.39	78.23	极高	38.01	6.52
中	51.17	8.77	合计	583.36	100
高	37.79	6.48			

4.3.3　首次试验性蓄水期

采用矩阵模型将证据权-随机森林模型的滑坡易发性结果与首次蓄水期不同水位 Scoops 3D 模型的稳定性结果相结合得到研究区首次蓄水期的滑坡预测结果（图 4.3.3～

图 4.3.6)。

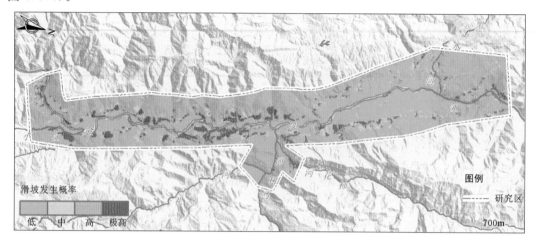

图 4.3.3 蓄水至 700m 时库岸滑坡预测结果

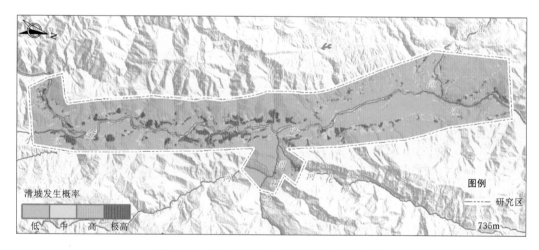

图 4.3.4 蓄水至 735m 时库岸滑坡预测结果

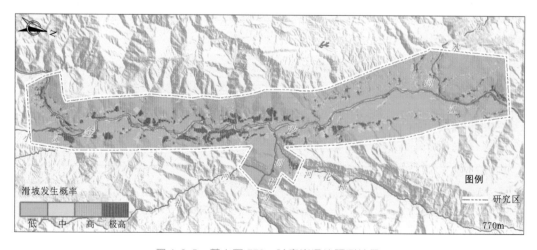

图 4.3.5 蓄水至 770m 时库岸滑坡预测结果

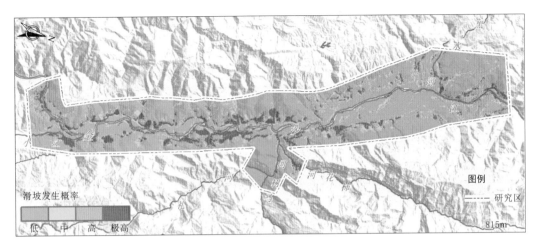

图 4.3.6　蓄水至 815m 时库岸滑坡预测结果

对比不同水位时的水库滑坡预测结果图可以发现，区内滑坡发生概率随着水位的上升在不断地增加，如在巧家县附近一处陡峭区域，该区域在蓄水前为滑坡发生低概率区，随着水位的上涨，区内滑坡发生高概率区不断地增加。

从空间分布上看，研究区滑坡发生概率极高区主要分布在蒙姑镇和金塘乡之间的坡体上，并且在靠近江道的岸坡上滑坡发生概率极高区明显较多。

将不同蓄水位滑坡发生概率的分区面积进行统计得图 4.3.7 和表 4.3.2，矩阵模型的滑坡预测结果显示，研究区在库水作用下发生滑坡的可能性在不断增加。在蓄水前滑坡发生低概率区占研究区面积的 78.23%，而当库水位蓄至 815m 时，滑坡发生低概率区占研究区面积的 72.88%，减少了 5.35%；其他 3 个滑坡发生概率区的面积随着水位的上涨在不断地增加，滑坡发生概率极高区增加面积占研究区的 1.14%，增加 6.65km² 的面积；滑坡发生中概率区增加面积占研究区的 1.60%，增加 9.33km² 的面积；滑坡发生高概率区面积增加最多，增加了 15.23km² 的面积。

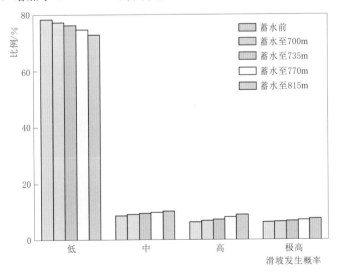

图 4.3.7　不同水位下库岸稳定性区划结果占比

表 4.3.2   不同水位下库岸稳定性区划结果占比表

滑坡发生概率	面积占比/%				
	蓄水前	蓄水至700m	蓄水至735m	蓄水至770m	蓄水至815m
低	78.23	77.24	76.23	74.67	72.88
中	8.77	9.21	9.60	9.93	10.37
高	6.48	6.95	7.41	8.24	9.09
极高	6.52	6.61	6.77	7.16	7.66

4.4 库岸滑坡预测结果分析

为更好地区分和比对不同模型在水库滑坡的预测情况，保持滑坡易发性结果和岸坡稳定性结果原有的分级名称，即滑坡易发性评价的极高易发区和岸坡稳定性区划的不稳定区对应矩阵预测模型的滑坡发生概率极高区。

4.4.1 蓄水期库岸滑坡调查

库水位短期停留在 770m 和 815m 时，对研究区内水库滑坡进行详细的实地调查。现场调查发现蓄水至 770m 时，研究区内一共发生 27 处水库滑坡；当水位从 770m 上升至最高蓄水位 815m 时，再次发生 26 处水库滑坡。因此在白鹤滩水库首次试验性蓄水期，研究区共发生 53 处水库滑坡（图 4.4.1）。从下图可知：在首次试验性蓄水期，研究区水库滑坡主要集中发育在葫芦口镇附近、金塘乡到溜姑乡地段和野牛坪乡等地。进一步对这53 处水库滑坡调查发现：其主要由两类滑坡构成：①蓄水前已识别的滑坡，其在库水的影响下复活或产生更大的变形，如五里坡滑坡［图 4.4.2 (a)］和王家山滑坡［图 4.4.2 (b)］；②在库水的影响下新产生滑坡变形，如橄榄坝滑坡［图 4.4.3 (a)］和大弯子上游滑坡［图 4.4.3 (b)］。

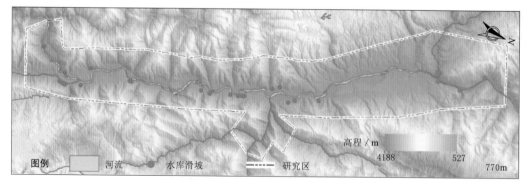

（a）蓄水至770m发生的水库滑坡

图 4.4.1（一） 首次试验性蓄水期水库滑坡分布图

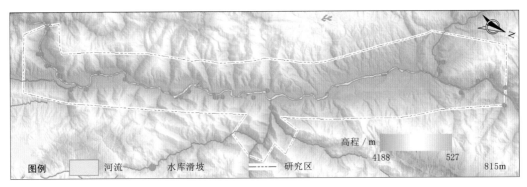

（b）蓄水至815m发生的水库滑坡

图4.4.1（二）　首次试验性蓄水期水库滑坡分布图

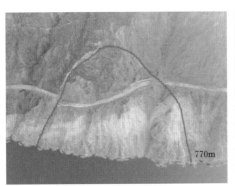

（a）五里坡滑坡　　　　　　　　　　　　（b）王家山滑坡

图4.4.2　蓄水作用下已有滑坡复活

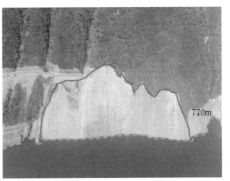

（a）橄榄坝滑坡　　　　　　　　　　　　（b）大弯子上游滑坡

图4.4.3　蓄水作用下新产生的水库滑坡

4.4.2　预测结果的合理性

4.4.2.1　易发性评价结果合理性分析

首次蓄水期水库滑坡在不同数据驱动模型的滑坡易发性结果内分布情况如图4.4.4所

示。为更好地指导蓄水期水库滑坡的调查与识别，应用尽可能少的面积预测大部分水库滑坡，因此以水库滑坡处于易发性结果的极高易发区为预测成功标准（该标准严苛于 ROC 曲线、kappa 值等评价模型，这些模型以灾害处于高易发区和极高易发区为预测成功标准）。其中基于证据权-随机森林模型（WOE-RF）的滑坡易发性结果成功预测 25 处滑坡，预测成功率达 47.17％。

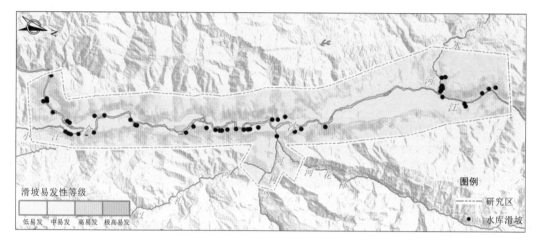

图 4.4.4　水库滑坡在易发性结果的分布情况

易发性结果的极高易发区面积占比与预测成功率见表 4.4.1。由于白鹤滩库区是首次蓄水的大型水电站，缺少蓄水导致的滑坡事件数据，因此基于数据驱动的水库滑坡预测模型对蓄水后库岸滑坡变形情况预测精度较低。证据权-随机森林模型（WOE-RF）对水库滑坡的预测准确性只有 47.17％，说明基于数据驱动的滑坡易发性评价在水库滑坡预测中适用效果较差。

表 4.4.1　　　　　　　　　基于数据驱动模型的水库滑坡预测结果

易发性评价模型	预测成功率/%	极高易发区面积占比/%
WOE-RF	47.17	5.56

4.4.2.2　稳定性评价结果合理性分析

首次蓄水期水库滑坡与 Scoops 3D 模型稳定性预测结果的分布情况如图 4.4.5 所示。第一阶段，库水位由 660m 上升至 770m，调查发现的 27 处水库滑坡中有 25 处被成功预测 [图 4.4.5（a）]，预测成功率为 92.6％。第二阶段，库水位由 770m 上升至 815m，研究区新增 26 处水库滑坡，其中有 21 处水库滑坡被成功预测 [图 4.4.5（b）]，预测成功率为 80.8％。

以 815m 蓄水位的岸坡稳定性区划图和水库滑坡分布图为基础，分析稳定性模型对水库滑坡预测情况，发现稳定性模型的水库滑坡预测成功率在 86.79％左右（表 4.4.2），其频率比（水库滑坡预测成功率与所占面积之比）为 5.25，说明该模型可以很好地反应首次蓄水对岸坡稳定性的影响。

表 4.4.2   **Scoops 3D 稳定性模型水库滑坡预测结果**

稳定性（F_s）	水库滑坡预测成功率/%	所占面积/%	频率比
$1.50 \leqslant F_s \leqslant 10$	1.89	61.08	0.03
$1.25 \leqslant F_s < 1.50$	1.89	11.03	0.17
$1.00 \leqslant F_s < 1.25$	9.43	11.37	0.83
$0 < F_s < 1.00$	86.79	16.52	5.25

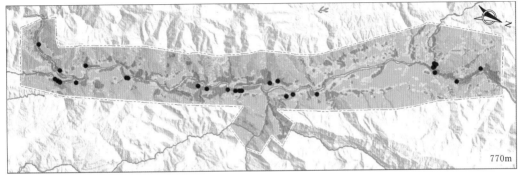

（a）蓄水至770m

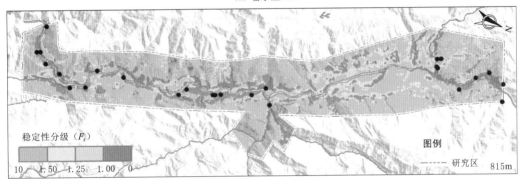

（b）蓄水至815m

图 4.4.5　水库滑坡在不同稳定性区划结果的分布情况

综上说明：相比于滑坡易发性结果，稳定性区划结果可以较好预测蓄水期水库滑坡的发生，其预测准确率在85%以上，但其存在过度预测的问题。

4.4.2.3　矩阵预测模型结果合理性分析

水库滑坡与矩阵模型滑坡预测结果的分布情况如图4.4.6所示，其中以水库滑坡处于矩阵预测模型结果的极高区为预测成功标准。第一阶段，库水位由660m上升至770m，调查发现的27处水库滑坡有23处被矩阵模型成功预测［图4.4.6（a）］，预测成功率为85%。第二阶段，库水位由770m上升至815m，研究区新增26处水库滑坡，其中有21处水库滑坡被矩阵模型成功预测［图4.4.6（b）］，预测成功率为80.8%。

以815m蓄水位的滑坡预测图和水库滑坡分布图为基础，分析矩阵模型对水库滑坡预测情况，发现矩阵模型的水库滑坡预测成功率在83%左右（表4.4.3），低于稳定性区划模型的结果。但其滑坡发生概率极高区仅为研究区总面积的7.94%，其频率比为10.46，

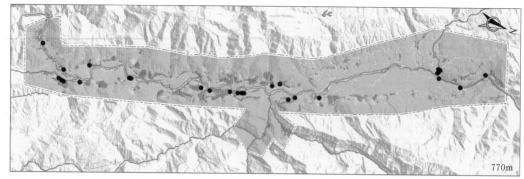

（a）蓄水至770m

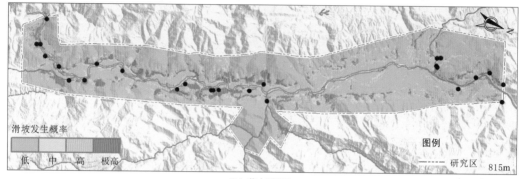

（b）蓄水至815m

图 4.4.6　水库滑坡在不同水库水位下的滑坡预测结果

是 Scoops 3D 稳定性评价模型的 1.99 倍，且高于证据权-随机森林模型的频率比。因此从合理性和准确性的角度分析，基于矩阵模型的水库滑坡预测结果在首次试验性蓄水期水库滑坡预测中要优于其他两种模型的结果，其更具鲁棒性。

表 4.4.3　　　　　　　　　　基于矩阵模型的水库滑坡预测结果

滑坡发生概率	水库滑坡预测成功率/%	面积比率/%	频率比
低	0.00	72.26	0.00
中	1.89	11.36	0.17
高	15.09	8.44	1.79
极高	83.02	7.94	10.46

4.4.3　典型库岸滑坡预测案例

4.4.2 节主要分析了 3 种预测模型在首次试验性蓄水期水库滑坡的预测准确率，本节将分析其对首次蓄水期典型滑坡的预测情况，进一步探究 3 种预测模型在首次蓄水期的适用情况。白鹤滩水电站蓄水后会导致已有滑坡发生变形或者产生新的滑坡，现场调查发现蓄水前确定的多数临水滑坡都发生了不同程度的变形，如沈家沟滑坡、王家山滑坡和五里坡滑坡。与此同时也发现多处新产生的滑坡，如大弯子滑坡和橄榄坝滑坡，下文就前述 5 处滑坡的预测情况进行分析。

4.4.3.1 王家山滑坡

王家山滑坡（图 4.4.7）位于金沙江支流小江河右岸斜坡。该滑坡堆积体的后缘高程为 1190m，其上部为基岩陡壁，坡度为 40°～50°。滑坡前缘为小江河和临时道路，高程约730m，由于河流侵蚀和道路开挖而较陡，坡度为 35°～45°。滑坡体两侧边界为冲沟，在雨季有流水，冲沟向上在后缘处汇合。滑坡体最大纵向长约 800m，宽 90～500m，滑坡面积约为 23.5×10⁴m²，估计体积 611×10⁴m³。蓄水前根据王家山滑坡的地貌特征将其识别，下面对该滑坡蓄水期的预测情况进行说明（Yi et al.，2022）。

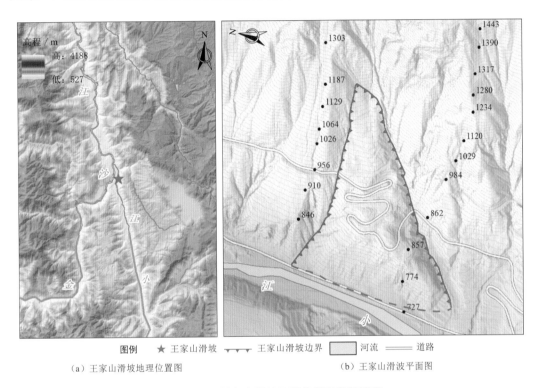

（a）王家山滑坡地理位置图   （b）王家山滑波平面图

图例　★ 王家山滑坡　▼▼▼ 王家山滑坡边界　▢ 河流　══ 道路

图 4.4.7　王家山滑坡地理位置图及平面图

库水位蓄至 790m 时，王家山滑坡发生整体变形，在滑坡前缘发育多条与滑动方向平行的裂缝，其长达 10 多米，宽度在几厘米至几米左右，并将整条公路切断，部分裂缝导致坡体上出现高度不等的挫台；从上部滑落下来的土体与碎石将滑坡中部道路堵塞，这些碎石大小不一，最大直径可达 1m；滑坡后缘发育有多条冠部拉张裂缝，裂缝宽几厘米至几米不等，且滑坡后壁出露明显（图 4.4.8）。

梳理王家山滑坡的 WOE-RF 滑坡易发性结果、Scoops 3D 稳定性区划结果和矩阵模型预测结果（图 4.4.9），发现都对王家山滑坡做出了准确预测。滑坡易发性结果显示王家山滑坡大部分区域为极高易发区，而其他区域为高易发区或中易发区，预测范围小于实际滑坡范围。稳定性区划结果显示，在库水的作用下王家山滑坡绝大部分区域处于不稳定状态，但滑坡的左边界处于欠稳定的状态。而相比于其他模型预测结果，矩阵模型的预测结果范围更符合实际的滑坡范围。

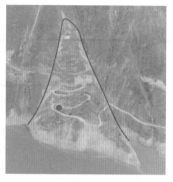

（a）王家山滑坡全貌图　　　　　（b）滑坡前缘公路裂缝　　　　　（c）滑坡中部道路堵塞

图 4.4.8　蓄水期王家山滑坡变形特征

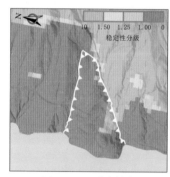
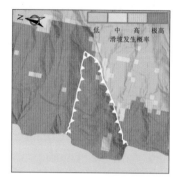

（a）WOE-RF 易发性结果　　　　（b）Scoops 3D 稳定性结果　　　　（c）矩阵模型预测结果

图 4.4.9　蓄水期王家山滑坡预测结果

4.4.3.2　五里坡滑坡

五里坡滑坡（图 4.4.10）位于云南省巧家县蒙姑镇安置区下游 0.5km 范围处，位于金沙江右岸岸坡上（Yi et al.，2023）。该滑坡体后缘高程约为 920m，其上部为陡峭基岩。滑坡前缘为金沙江河道，高程约 690m，由于河流的侵蚀使得其较陡，坡度约 45°～55°。滑坡体两侧边界为冲沟，冲沟向上在后缘处汇合，滑坡后缘可见清晰的滑坡后壁。滑坡平面形态呈舌形，滑坡长、宽均约 300m，面积约 $9×10^4 m^2$。在蓄水前根据五里坡滑坡的变形特征将其识别，下面对该滑坡蓄水期的预测情况进行说明。

在首次试验性蓄水期，五里坡滑坡发生整体变形，滑坡前缘发生多次塌岸使得坡体陡立且基岩裸露；在滑坡右边界道路被切断并形成高约 8m 的挫台；滑坡体上的道路裂缝密布且其上树木倾倒；滑坡后缘发育有多条拉张裂缝，裂缝宽几厘米至几十厘米不等（图 4.4.11）。

将五里坡滑坡的 WOE - RF 滑坡易发性结果、Scoops 3D 稳定性区划结果和矩阵模型预测结果对比（图 4.4.12），发现滑坡易发性结果和矩阵模型预测结果对五里坡滑坡的预测较为准确，预测结果的范围与滑坡范围大致相等。而稳定性区划结果对该滑坡的预测结果较差，预测结果的范围明显小于滑坡实际范围，其预测滑坡后缘的岸坡在蓄水期处于稳定状态。

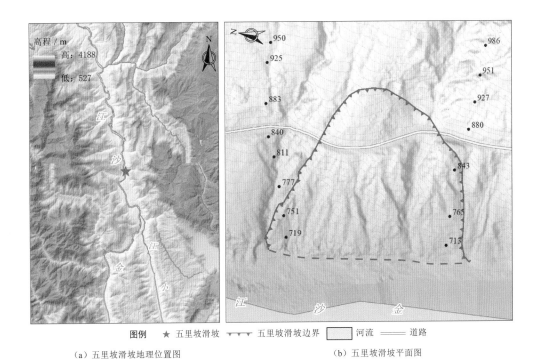

（a）五里坡滑坡地理位置图　　　　　　　（b）五里坡滑坡平面图

图 4.4.10　五里坡滑坡地理位置图及平面图

（a）五里坡滑坡全貌图　　　（b）滑坡中部变形　　　（c）滑坡后缘裂缝

图 4.4.11　蓄水期五里坡滑坡变形特征

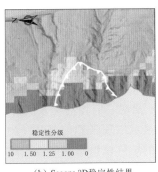

（a）WOE-RF易发性结果　　　（b）Scoops 3D稳定性结果　　　（c）矩阵模型预测结果

图 4.4.12　蓄水期五里坡滑坡预测结果

4.4.3.3　沈家沟滑坡

沈家沟滑坡（图 4.4.13）位于四川省会东县野牛坪西北侧，距白鹤滩坝址直线距离 75.5km，其位于金沙江左岸。滑坡平面上呈近似扇形，顺坡长约 600m，前缘正常蓄水位处宽约 350m，中部道路处宽约 200m，上窄下宽。滑坡体两侧边界为冲沟，沟内季节性流水，滑坡内地形整体较陡，前缘高程约 730m 以下，地形平缓，坡度小于 10°；高程 730～870m 段地形陡峻，地形坡度 45°～55°；870～910m 稍缓，地形坡度 25°～30°；高程 910～1145m，地形较陡，坡度 35°～45°；后缘高程 1145m 以上，以 30°～35° 为主。滑坡宽约 160m，面积约 9.6×10⁴ m²，体积约为 268×10⁴ m³。在蓄水前根据沈家沟滑坡的变形特征将其识别，下面对该滑坡蓄水期的预测情况进行说明。

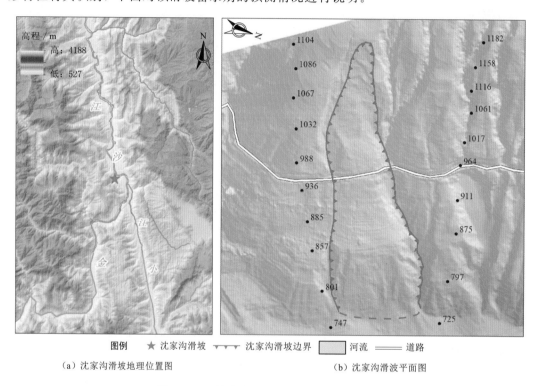

（a）沈家沟滑坡地理位置图　　　　　　　　（b）沈家沟滑波平面图

图 4.4.13　沈家沟滑坡地理位置图及平面图

在白鹤滩首次试验性蓄水期，沈家沟滑坡发生明显变形，滑坡前缘在库水作用下发生塌岸使得坡体前部陡立；滑坡左右边界处的复建省道被截断并形成高约 1～2m 的挫台；滑坡后缘原有的冠状拉张裂缝宽度和长度增加，裂缝宽几厘米至几米不等，裂缝长约 10m（图 4.4.14）。

将沈家沟滑坡的 WOE-RF 滑坡易发性结果、Scoops 3D 稳定性区划结果和矩阵模型预测结果对比分析（图 4.4.15），发现它们均对沈家沟滑坡做出了准确预测，滑坡范围都在其预测范围内。但稳定性结果显示出现强烈的过度预测，预测范围显著大于实际滑坡范围，而其与易发性结果耦合得到的矩阵模型结果降低了这种过度预测效果。

4.4.3.4　大弯子滑坡

大弯子滑坡（图 4.4.16）位于四川省凉山彝族自治州宁南县大同乡莲花石村，位于

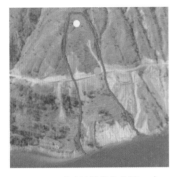
（a）沈家沟滑坡全貌图

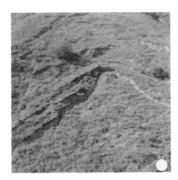
（b）滑坡后缘裂缝

（c）滑坡左侧道路错段

图 4.4.14　蓄水期沈家沟滑坡变形特征

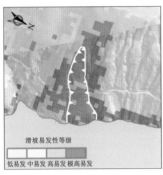
（a）WOE-RF 易发性结果

（b）Scoops 3D 稳定性结果

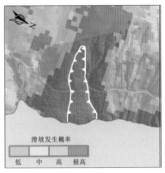
（c）矩阵模型预测结果

图 4.4.15　蓄水期沈家沟滑坡预测结果

白鹤滩库区金沙江左岸，距白鹤滩坝址直线距离约 25km。金沙江在此处流向转向，江面高程 655m，河谷较为狭窄，该处整体地形较陡，有隧道从该处通过。大弯子 1 滑坡高程区间为 710～1150m，推测其前缘至农田（蓄水后前缘临江），后缘至陡缓交接处，左右两侧边界以冲沟为界。其平面形态呈长条形，滑坡长 700m、宽约 400m，面积约 $28 \times 10^4 \text{m}^2$；大弯子 2 滑坡高程区间为 710～1050m，推测其前缘至农田（蓄水后前缘临江），后缘至陡缓交接处，左右两侧边界以冲沟为界。其平面形态呈舌形，滑坡长 564m、宽约 330m，面积约 $18 \times 10^4 \text{m}^2$。

蓄水前，无人机光学遥感技术和 InSAR 技术未将该蓄水滑坡识别，因为该边坡在蓄水前未发生 InSAR 技术可观测的变形，且没有较为清晰的变形特征（滑坡左右两侧的冲沟较小且未出现同源现象，坡体上也未见下错陡坎、裂缝和滑坡后壁等变形特征）。水库蓄水后，由于库水对边坡的影响使得其发生了整体变形，下面对该滑坡蓄水期的预测情况进行说明。

在白鹤滩首次试验性蓄水期，大弯子段岸坡发生明显变形，大弯子 1 滑坡中部隧道出现了严重变形，其内墙壁出现多条长约数米的裂缝，墙上混凝土出现大范围的脱落；大弯子 2 滑坡后缘发现长 10m 左右，宽 50cm 的下错裂缝（图 4.4.17）。

将大弯子滑坡的 WOE - RF 滑坡易发性结果、Scoops 3D 稳定性区划结果和矩阵模型

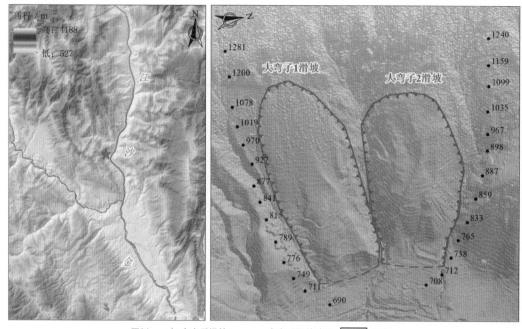

图例 ★ 大弯子滑坡 ▼▼▼ 大弯子滑坡边界 ▭ 河流

（a）大弯子滑坡地理位置图　　　　　　（b）大弯子滑坡平面图

图 4.4.16　大弯子滑坡地理位置图及平面图

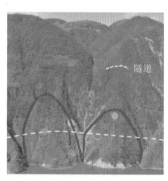

（a）大弯子滑坡全貌图　　　　（b）滑坡后缘裂缝　　　　（c）滑坡左侧道路错段

图 4.4.17　蓄水期大弯子滑坡变形特征

预测结果对比分析（图 4.4.18），发现稳定性结果和矩阵模型预测结果都成功预测了该滑坡，而易发性评价结果则未能将其预测（极高易发性为预测准确的标准，而大弯子滑坡范围内属于高易发区）。因为蓄水前缺乏蓄水期的滑坡数据集，因此使得滑坡易发性模型对新增水库滑坡的预测结果较差。

4.4.3.5　橄榄坝滑坡

橄榄坝滑坡（图 4.4.19）位于云南省昭通市巧家县橄榄坝上游 500m 处，位于白鹤滩库区金沙江右岸，距白鹤滩坝址直线距离约 60km。橄榄坝滑坡高程区间为 750～930m，

（a）WOE-RF易发性结果

（b）Scoops 3D稳定性结果

（c）矩阵模型预测结果

图 4.4.18　蓄水期大弯子滑坡预测结果

推测其前缘为施工便道（蓄水后前缘临江），后缘至陡缓交接处，左右两侧边界以冲沟为界。其平面形态呈矩形，滑坡长 300m、宽约 320m，面积约 $9.6×10^4 m^2$；与大弯子滑坡一样，无人机光学遥感技术和 InSAR 技术在蓄水前未将该蓄水滑坡识别。水库蓄水后，由于库水对边坡的影响使其发生了变形，下面对该滑坡蓄水期的预测情况进行说明。

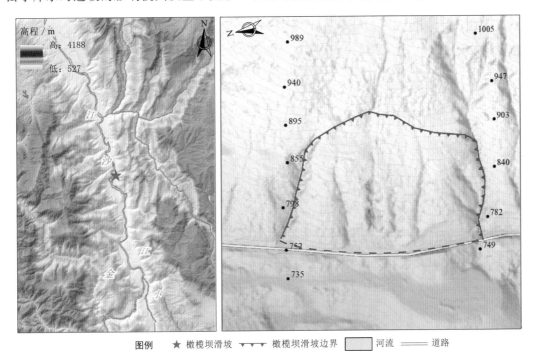

图例　★ 橄榄坝滑坡　▼▼▼ 橄榄坝滑坡边界　□ 河流　══ 道路

（a）橄榄坝滑坡地理位置图　　　　　　　　　　（b）橄榄坝滑坡平面图

图 4.4.19　橄榄坝滑坡地理位置图及平面图

　　在白鹤滩首次试验性蓄水期，该岸坡发生整体变形形成橄榄坝滑坡，滑坡后壁出露明显，壁高数米左右；滑坡体呈现出整体向下滑动的情况，但其并未完全滑入金沙江内，只是坡体表部次级滑坡将前缘部分物质带入江内（图 4.4.20）。

 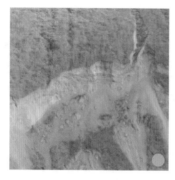 

（a）橄榄坝滑坡全貌图　　　　　　　（b）滑坡后壁　　　　　　　（c）滑坡左侧次级滑动

图 4.4.20　蓄水期橄榄坝滑坡变形特征

梳理橄榄坝滑坡的 WOE-RF 易发性结果、Scoops 3D 稳定性区划结果和矩阵预测结果，发现稳定性模型和矩阵预测模型对橄榄坝滑坡做出了准确预测，而易发性评价模型未能成功预测（图 4.4.21）。原因与大弯子滑坡类似，在蓄水前缺乏蓄水期的滑坡数据集，因此滑坡易发性模型难以预测蓄水期新产生的滑坡。

（a）WOE-RF易发性结果　　　　（b）Scoops 3D稳定性结果　　　　（c）矩阵模型预测结果

图 4.4.21　蓄水期橄榄坝滑坡预测结果

4.4.4　不同方法对水库滑坡预测的思考

用 WOE-RF 的滑坡易发性分区图、815m 蓄水位的 Scoops 3D 稳定性评价图和 815m 蓄水位的矩阵模型预测图内滑坡发生可能性最高的区域与蓄水期水库滑坡进行对比可得图 4.4.22。

通过图 4.4.22 可知，在白鹤滩水电站的首次蓄水期滑坡预测中，滑坡易发性结果的预测成功率不足 50%，明显低于其他两个模型的稳定性结果和矩阵预测结果的预测成功率，后者都超过了 80%。造成滑坡易发性结果预测成功率非常低的原因主要有两个方面：一方面，滑坡数据集的完整性和可靠性决定了基于数据驱动的滑坡易发性结果的准确性。在水库蓄水前进行滑坡预测时，由于缺少该区域内水库滑坡数据，因此滑坡易发性评价结果无法准确预测新出现的水库滑坡，但能够较好地预测历史滑坡在蓄水后的变形情况。如

图 4.4.23 所示，研究区南部长达 13km 的区域中，由于库水影响而发生变形破坏的滑坡共有 17 处。滑坡易发性结果成功预测的水库滑坡有 10 处，其中 7 处是历史滑坡在蓄水期间再次发生的变形，如 4.4.3 节所述的五里坡滑坡、王家山滑坡和沈家沟滑坡，而仅有 3 处新发生的水库滑坡被成功预测。相反，稳定性结果和矩阵预测结果均成功预测了这 17 处水库滑坡，在该区域内预测成功率为 100%。另一方面，本书的预测成功标准较为严苛。通常来说，滑坡位于高易发区域内就被认为是成功预测。

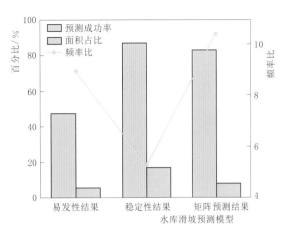

图 4.4.22　预测模型面积占比与水库滑坡占比图

但为了更好地指导蓄水期库岸滑坡的预防与治理工作，将预测成功标准限定为水库滑坡位于极高易发区域内。从图 4.4.23（a）中可以看出，未被滑坡易发性模型成功预测的水库

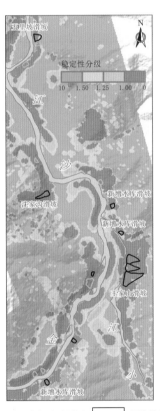

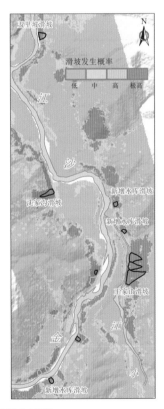

易发性结果未能成功预测　　易发性结果成功预测

（a）WOE-RF易发性结果　　（b）Scoops 3D稳定性结果　　（c）矩阵模型预测结果

图 4.4.23　滑坡易发性结果对水库滑坡的预测

滑坡都分布在高易发区域内。如果将滑坡位于高易发区作为预测成功标准，则这 17 处水库滑坡均被滑坡易发性结果成功预测，但这将增加 101.80km² （研究区总面积的 17.45%）的预测范围，大大增加了水库滑坡识别和预防的难度。因此，仅仅依靠基于数据驱动的滑坡易发性结果，很难完整地反映水库滑坡的发生情况。这对蓄水期水库滑坡预防与治理工作的指导较差。

通过对表 4.4.3 的分析，发现稳定性结果的频率比（即预测成功率与面积占比之比）最低，而其他两个模型的频率比均在 8 以上，这表明稳定性结果中不稳定区划的面积过多，预测结果过于保守。在图 4.4.24 所示的黑框内，稳定性结果显示该区域内岸坡在库水的影响下发生水库滑坡的可能性极大，不稳定区划约占黑框面积的 30%。然而，在白鹤滩水库首次蓄水期内，该区域未发生水库滑坡，与稳定性模型的预测结果相差较大，说明该模型过度预测了水库滑坡的发生。相比之下，在该区域内，易发性结果和矩阵预测结果的极高区面积占比都较小。因此，如果仅采用稳定性评价模型进行首次蓄水期滑坡预测，将会增加蓄水期滑坡调查与识别的面积，从而延误滑坡的预防与治理工作。

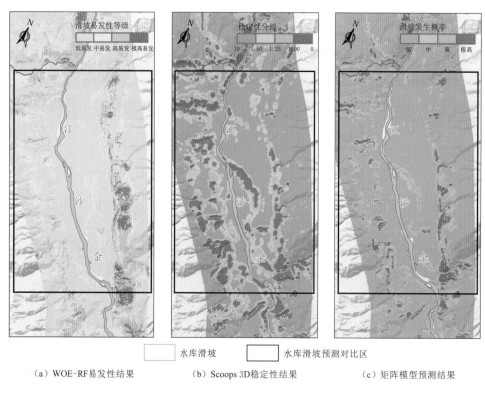

（a）WOE-RF易发性结果 　　　（b）Scoops 3D稳定性结果 　　　（c）矩阵模型预测结果

图 4.4.24　稳定性结果对水库滑坡的预测

矩阵预测模型是一种耦合易发性评价结果和稳定性评价结果的模型，用于预测蓄水库岸滑坡的发生情况。与仅采用稳定性评价模型相比，矩阵预测模型的预测成功率略低，约为 83.02%，但其仅预测出极高水库滑坡概率区域面积为研究区总面积的 7.94%，相应的频率比是 Scoops 3D 稳定性模型的 1.99 倍。这表明，矩阵预测模型兼顾了预测结果准确性（图 4.4.23）和合理性（图 4.4.24），能够预测出大部分的水库滑坡，并且预测范围与实际情况相符。同时，矩阵预测模型弥补了易发性评价结果和稳定性评价结果的不足之处，解决了易发性结果较难预测新增滑坡和稳定性模型中不稳定区范围小于实际滑坡范围的问题。因此，矩阵预测模型是较好的水库滑坡预测模型，在首次试验性蓄水期前，可以为库区水库滑坡识别、预防与治理提供可靠的依据和参考。

第 5 章

基于 D‑InSAR 的库岸形变区
快速识别方法

在确定库区库水剧动期水库滑坡发生概率极高区后，需要在实际蓄水期对真实发生岸坡变形的区域进一步快速定位。这种形变分析技术必须能够做到广域探测、快速迭代，为库岸形变区的"早发现"提供参考。因此，利用 SAR 卫星快速重访特点和 D‑InSAR 技术的形变快速分析能力，可为库岸形变的快速识别提供解决方案。本章主要论述了利用近实时 SAR 影像数据开展蓄水期形变区快速识别的相关工作，包括 SAR 卫星数据自动下载和处理方法、大气效应精细化改正方法和形变区快速识别方法。

5.1 SAR 数据云端自动下载方法

数据自动下载主要包括元数据获取、数据检索和数据下载 3 个部分。当用户输入研究区的地理范围、时间范围等参数，将输入的参数传入到数据自动下载的脚本中，使用 Python 的 request 方法访问数据库，根据用户设置的参数获取元数据。获取的元数据主要包括数据名称、数据大小、数据的处理时间和范围、数据的下载地址等参数。由于后续差分干涉操作的需要，获取的 SAR 影像应该在同一轨道下拍摄得到，并且为了保证获取的 SAR 影像能够较好地覆盖研究区域，因此通过设置影像覆盖率等相关参数对 SAR 数据进行检索筛选，并将满足用户要求的 SAR 数据下载地址 URL，自动加入到 IDM 等多线程下载工具的队列中，实现研究数据快速稳定地下载。

数据自动下载，处理和展示流程如图 5.1.1 所示。

5.1.1 元数据获取

元数据是关于数据的数据，主要记录着数据的处理时间和处理范围，数据名称和大小，以及数据的下载地址等信息。可以说，获取元数据是获取数据中最重要的一步。

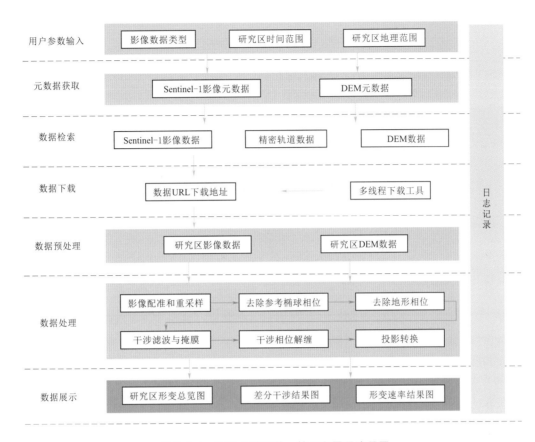

图 5.1.1　数据自动下载、处理和展示流程图

　　需要获取的元数据主要包括 Sentinel‒1 影像元数据和 DEM 元数据。Sentinel‒1 元数据包括影像数据的十六进制编号、数据名称，数据大小、数据获取时间、数据可下载状态、数据地理范围、数据下载地址等信息。获取的 Sentinel‒1 元数据如图 5.1.2 所示。Sentinel‒1 元数据下载代码如图 5.1.3 所示。

```
{'id': '9bdb98ed-162e-4b52-8aa7-e5e80fc501a2',
'title': 'S1A_IW_SLC__1SDV_20210129T110047_20210129T110114_036352_044401_B080',
'size': 4520551669,
'md5': '0898ac157af64794bbf0fcb99e617ad7',
'date': datetime.datetime(2021, 1, 29, 11, 0, 47, 635000),
'footprint': 'POLYGON((103.827881 31.710232,106.481316 32.116291,106.802162
30.487652,104.195908 30.079220,103.827881 31.710232))',
'url': "https://apihub.copernicus.eu/apihub/odata/v1/Products('9bdb98ed-162e-4b52-
8aa7-e5e80fc501a2')/$value",
'Online': False,
'Creation Date': datetime.datetime(2021, 1, 29, 14, 54, 18, 478000),
'Ingestion Date': datetime.datetime(2021, 1, 29, 14, 48, 54, 295000),
'quicklook_url': "https://apihub.copernicus.eu/apihub/odata/v1/Products('9bdb98ed-
162e-4b52-8aa7-e5e80fc501a2')/Products('Quicklook')/$value"}
```

图 5.1.2　获取的 Sentinel‒1 元数据

```
for product in products:

    product_info=api.get_product_odata(product)
    print(product_info)
    # print(product_info['title'])
    title=product_info['title']
    imagefootprint=product_info['footprint']
    overlap1=overlap(borderfootprint,imagefootprint)
    print(overlap1)
    if "S1A" in title:
        zipfile.append(headA+title+".zip")
    elif "S1B" in title:
        zipfile.append(headB+title+".zip")
    else:
        print(title)
    # text=api.get_product_odata(product,"True")
    # text=api.download(product)
    # print(text)

# print(zipfile)
# api.download_all(products,"F:\sentinelsat")
    api.download_all_quicklooks(products,"F:\sentinelsat\quicklook")
return zipfile
```

图 5.1.3 Sentinel-1 元数据下载代码

影像数据 id 号为数据十六进制编号的 UUID 号，是数据库地址的唯一标识。"foot-print"指示影像数据覆盖的地理范围。"url"指示影像数据在数据库中的下载地址。"Online"指示数据的可下载状态。数据不在线时，需要申请激活才能下载。

获取的元数据中除了 Sentinel-1 影像元数据，还需要包括 DEM 元数据。当使用 SAR 数据进行差分干涉计算时，需要使用 DEM 数据作为计算中的辅助数据，消除计算过程中的地形起伏造成的不良相位影响。

DEM 元数据主要包括 DEM 的数据名称、数据分辨率等级、数据处理时间、数据覆盖范围、数据 URL 下载地址等。DEM 元数据构成相对简单，DEM 元数据既是 DEM 数据的元数据又是 DEM 数据的下载地址。

通过读取 DEM 元数据，能够判断此 DEM 数据为 SRTM1 类型数据，分辨率为 30m，处理时间为 2000 年 2 月 11 日，数据覆盖以北纬 26°，东经 104°为起点，向北向东延伸 1°的范围。

5.1.2 数据检索

数据检索功能主要通过 Python 中的 Sentinelsat 方法实现。采用人机交互的方式，由用户输入 Sentinel-1 数据的时间跨度范围、研究区域的地理范围、采集数据的雷达模式、卫星数据类型、升/降轨卫星状态、卫星影像数据的极化方式等参数。通过输入的用户参数，检索出符合条件的元数据信息，将元数据中的数据名称和下载地址生成到列表中，为后续数据下载脚本提供参数。Sentinel-1 数据参数设置代码如图 5.1.4 所示。

由于本项目使用的 Sentinel-1 数据仅需要单视复数影像（SLC）、干涉宽幅数据采集模式（IW）、VV 同极化方式，参数均可默认输入。卫星数据的起止时间的数据格式为"yyyymmdd"。研究区域地理范围仅通过范围的最大最小经纬度来确定。

```
#Time
startDate=input("startDate:")
endDate=input("endDate:")

# startDate="20210101"
# endDate="20210130"
#area of interest
minlon=input("MinLongitude:")
minlat=input("MinLatitdue:")
maxlon=input("MaxLongitude:")
maxlat=input("MaxLatitdue:")
mincoordinate=[minlon,minlat]
maxcoordinate=[maxlon,maxlat]
file=set_geojson(mincoordinate,maxcoordinate,"border.geojson")
borderfootprint = geojson_to_wkt(read_geojson(file))
direction="ASCENDING"
direction1=input("OrbitDirection: <1> ASCENDING <2> DESCENDING")
for case in direction1:…

type="SLC"
type1=input("Type: <1>SLC <2>GRD <3>RAW")
for case in type1:…

pol="VV"
pol1=input("Pol: <1>VV <2>HH <3>HV <4>VH")
for case in pol1:…

mode="IW"
mode1=input("Mode: <1>IW <2>EW <3>WV")
for case in mode1:…
```

图 5.1.4　Sentinel‑1 数据参数设置代码

由于在获取元数据的过程中，会得到所有与研究区范围相交的数据的元数据。因为 SAR 数据干涉计算的要求，需要对获取的所有元数据进行检索提取，通过影像范围与研究区地理范围的重叠度来进行数据筛选，具体代码如图 5.1.5 所示。

```
#判断影像与研究区的重叠度
def overlap(polygon1,polygon2):

    polygon1=polygon1[19:]
    polygon1=eval(polygon1)
    inter_area=polygon1.intersection(polygon2).area
    overlap=inter_area/(polygon1.area)
    return overlap
```

图 5.1.5　重叠度计算

将影像数据的"footprint"参数和研究区的"footprint"的交叉区域除以研究区域的面积来表示影像重叠度。

5.1.3　数据下载

通过数据检索中筛选出的下载参数（包括数据名称和下载地址），通过调用 IDM 等多线程下载，对下载列表中的影像数据进行逐个下载（图 5.1.6）。

```python
# Download all the files in the list
def download_files(self):
    for file_name in self.files:
        if abort == True:
            raise SystemExit
        # download counter
        self.cnt += 1
        # set a timer
        start = time.time()
        # run download
        size,total_size = self.download_file_with_cookiejar(file_name, self.cnt, len(self.files))
        # calculte rate
        end = time.time()
        # stats:
        if size is None:
            self.skipped.append(file_name)
        # Check to see that the download didn't error and is the correct size
        elif size is not False and (total_size < (size+(size*.01)) and total_size > (size-(size*.01))):
            # Download was good!
            elapsed = end - start
            elapsed = 1.0 if elapsed < 1 else elapsed
            rate = (size/1024**2)/elapsed

            print ("Downloaded {0}b in {1:.2f}secs, Average Rate: {2:.2f}MB/sec".format(size, elapsed, rate))

            # add up metrics
            self.total_bytes += size
            self.total_time += elapsed
            self.success.append( {'file':file_name, 'size':size } )

        else:
            print ("There was a problem downloading {0}".format(file_name))
            self.failed.append(file_name)
```

图 5.1.6 数据下载

基于 Python 的数据下载脚本，基本实现影像稳定高效下载，相较传统下载方式能节约一半的下载时间。并且对判断 SAR 影像的覆盖情况，极大减少人工判读工作量，利用阈值分割基本实现自动化判断 SAR 影像的覆盖情况。在数据过滤等方面，将常用的 Sentinel‒1 数据参数内置，仅需要用户输入影像时间段和研究区域的地理范围，避免了重复参数设置。

Sentinel‒1 数据和 DEM 数据均采用多线程下载工具 Aria2（或 IDM 下载工具）实现数据稳定高效下载。通过数据 URL 下载地址，设置数据的存放位置，设置最大同时下载数为 10，最大下载链接数设置为 16，设置下载的账户名和密码。

5.2 D‒InSAR 自动处理

数据下载脚本主要采用 Shell 语言，利用 GAMMA 软件命令进行集成化开发。D‒InSAR 数据处理主要包括数据预处理和干涉计算、地形相位计算、差分干涉计算 3 个部分。

根据数据自动下载方法中获取的所有影像数据，D‒InSAR 数据处理会自动生成影像数据列表。数据自动下载方法中获取的原始数据，需要进行一系列预处理操作，才能生成

GAMMA 软件能够识别的数据格式。经过数据导入过程的预处理操作，得到 CEOS 格式的影像数据，在此基础上，对影像数据进行选择和组合，然后将影像数据配准并重采样到主影像坐标系下。为避免计算性能和数据存储方面的浪费，对配准后影像对进行裁剪，截取合适像素范围的影像数据。对裁剪后的配准影像进行干涉计算。将下载得到的 DEM 数据转化为 GAMMA 软件能够识别的数据格式，为了后续差分干涉计算中能够有效消除地形起伏造成的不良相位影响，需要进行地形相位计算，将地理坐标系下的 DEM 数据，通过模拟相位，得到雷达坐标系下的 DEM 相位数据。将裁剪后影像对的干涉计算结果减去 DEM 模拟的地形相位，即可得到去地形效应的影像干涉对。使用最小费流方法对干涉对进行解缠，以获取解缠后的干涉图。

5.2.1 数据预处理和干涉计算

干涉处理的起点是得到两幅单视复数影像（SLC），SLC 数据的预处理过程主要包括：生成 SLC 文件和 SLC 参数文件、主影像选择和影像组合、影像配准、干涉相位计算、影像强度图生成、基线估计和相干性图计算。

通过生成 SLC 文件及其参数文件，将原始影像数据转化为 GAMMA 软件能够识别的 CEOS 数据格式。对超过两幅影像数据进行差分干涉计算时，首先应该确定好计算过程中的主影像，通过确认好的主影像，建立影像对的组合，方便后续的干涉计算。由于服务器的计算性能和存储空间的有限，需要对影像数据进行裁剪处理。将裁剪后的影像数据进行配准，配准过程需要达到 1/10000 像素的精度，才能获取良好干涉效果的干涉对。对符合配准精度的影像对进行干涉相位计算，得到各个影像对组合的干涉图。影像强度图在影像对配准和干涉计算过程中作为一种参考信息，引导配准和干涉相位计算操作。基线估计主要是为了去除影像对的配准误差。相干图的计算主要通过设置阈值的方式，区分干涉效果不同区域的地方，并对相干性较好的区域进行干涉相位的解缠计算。

（1）生成 SLC 文件和 SLC 参数文件。获取自动下载得到的 Sentinel - 1 影像数据压缩包，利用 GAMMA 软件中的命令语言：

Sl_import_SLC_from_zipfiles list refer_tab vv 0 0 ↲

生成 SLC 文件和参数文件，将原始影像数据转化为 GAMMA 软件能够识别的数据格式，得到 SLC 影像如图 5.2.1 所示。

图 5.2.1　SLC 数据示意图

（2）主影像选择和影像组合。从影像数据中选取出主影像，将其余影像重采样到主影像的坐标系下，实现坐标系的统一。SAR 数据主影像的选择及影像组合生成像对的规则：选择设计工作周期内空间基线尽量短的相对，选用时间早的影像作为主影像。

（3）影像配准。根据生成好的影像对组合，对影像对进行配准，影像配准需要选择合适的配准多项式和算法，设置好配准参数后，对每个像对进行配准计算，要求距离向和方位向配准误差不超过 0.2 个像元。

数据处理过程中，SLC 影像的配准均采用 6 元多项式进行，配准阈值设置为 0.7，最终距离向配准标准差为 0.03，方位向配准标准差为 0.05。具体配准命令如下：

```
offset_pwr $master.sle $slave.slc $master.slc.par $slave.slc.par $off_par offs
snr 128 128 offsets 1 64 64 0.5
offset_fit offs snr $off_par coffs coffsets 0.5 4 0
```

（4）干涉相位计算。将两景 SLC 数据精密配准后，首先将辅影像重采样至参考影像的几何条件下，然后使用两景配准后的 SLC 生成干涉图。生成干涉图过程中需要在频率域进行公共频谱带滤波，首先对两景 SLC 影像进行距离向和方位向的滤波，然后两景影像进行复共轭相乘，生成干涉相位值，逐像元计算生成干涉图。

重采样命令如下：

```
SLC_interp    $master.slc   $slave.slc.par   $slave.slc.par   $off_par   $slave.rslc
$slave.rslc.par
```

生成干涉图命令如下：

```
SLC_intf $slave.slc $master.rslc slave.slc.par master.rslc.par $.off $.int 4 4 - - 1 1
```

生成的干涉图如图 5.2.2 所示。

（5）影像强度图生成。通过计算单视复数影像的强度信息，可得到影像的强度图，影像强度图能够为影像对的配准和干涉计算提供一定的计算参考，生成强度图的命令如下：

```
multi_look $master.slc $master.slc.par $master.mli $master.mli.par $rlks $alks
multi_look $slave.slc $slave.slc.par $slave.mli $slave.mli.par $rlks $alks
```

强度图如图 5.2.3 所示。

（6）基线估计。采用快速傅里叶变换（FFT）方法从标准干涉图的条纹变化率和轨道信息估计基线的平行和垂直分量，最后打印输出基线的平行和垂直分量的大小，并输出它们顺轨和垂直于轨道方向的变化。

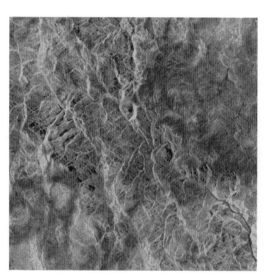

图 5.2.2　示例数据干涉图

基线估计命令如下：

base_init $master. slc. par $slave. rslc. par -- $baseline 0 1024 1024

base_perp $baseline $master. slc. par $off_par > baseline. perp

（7）相干性图计算。采用一个统一的线性或高斯函数作为权函数，距离中心像元越远的位置采用的权值越小。相干计算得到相干性图往往作为是否进行干涉相位计算的依据，相干图计算命令如下所示：

cc_wave $master-$slave. diff. fine $master. mli $slave. mli $slave. mli $master-$slave. cc

相干性图如图 5.2.4 所示。

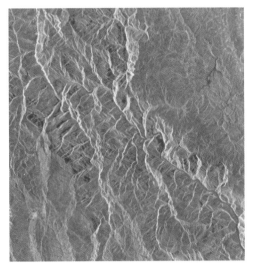 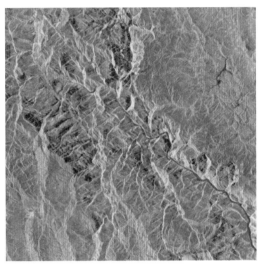

图 5.2.3 示例数据强度图   图 5.2.4 示例数据相干性图

5.2.2 地形相位计算

（1）生成初始查找表。在计算查找表时，需要根据强度影像的分辨率对 DEM 进行过采样处理，使得 DEM 的分辨率与强度影像的分辨率接近相等。生成初始查找表的命令如下：

gc_map $master. mli. par - $dem_par $dem $dem_seg_par $dem_seg

lookup_table $lat_ovr $lon_ovr sim_sar_eqa ------ 8 1

（2）精化查找表。精化查找表是通过配准 DEM 的模拟强度影像和真实强度影像来实现的。在对强度影像进行配准时，需要考虑距离向和方位向配准窗口大小，强度过采样因子，距离向和方位向偏移估计数，互相关配准阈值。精化查找表的具体命令如下：

init_offsetm $master. mli sim_sar_rdc $diff_par

offset_pwrm $master. mli sim_sar_rdc $diff_par offsgeo snrgeo 128 128

offsetsgeo 1 128 128 0.5

offset_fitm offsgeo snrgeo $diff_par coffsgeo coffsetsgeo 0.5 6

```
gc_map_fine lookup_table $width_dem_seg $diff_par lookup table. final
```

模拟的强度影像如图 5.2.5 所示。

（3）从地图到 SAR 结构的向前编码。利用精化查找表，将裁剪后 DEM 编码到雷达坐标系下，实现命令如下：

```
geocode lookup_table. final $dem_seg $width_dem_seg dem_rdc $width_mli $lengh mli 1 0
gc_map $master. mli. par － $dem_par $dem $dem_seg_par $dem_seg
lookup_table $lat_ovr $lon_ovr sim_sar_eqa － － － － － － 8 1
```

雷达坐标系下的高程信息如图 5.2.6 所示。

 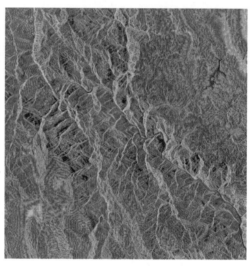

图 5.2.5　模拟强度影像　　　　　　　　　图 5.2.6　雷达坐标系下的高程信息

5.2.3　差分干涉计算

具备了可用的干涉图（包含地球曲率相位趋势）和 SAR 结构下的重采样高程，就可以进行差分干涉处理。干涉处理流程主要包括去除地形相位、去除线性相位趋势、相位解缠。

（1）去除地形相位。为了去除地形相位，需要获取模拟的解缠地形相位，然后从原始干涉图中去除该相位，得到未解缠的差分干涉图。地形相位的去除命令如下：

```
phase_sim $master. slc. par $off_par $baseline dem_rdc $master－$slave. sim_unw 0 0
create_diff_par $off_par － $master－$slave. diff_par 0 0
sub_phase $maser－$slave. int $master－$slave. sim_nuw $master－$slave. diff_par $master－$slave. diff 1
```

将高程信息转化为相位信息如图 5.2.7 所示。去除模拟地形相位后的结果如图 5.2.8 所示。

（2）去除线性相位趋势。基线模型中包含较小的基线误差，会导致差分干涉图中可能出现一些边缘条纹，可通过去除线性相位趋势加以消除，处理步骤包括根据差分干涉图的条纹变化率估计残余基线，利用残余基线估计纠正基线，利用新基线模拟地形相位，获取

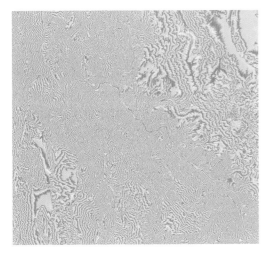 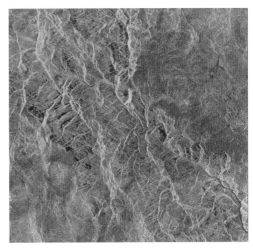

图 5.2.7　模拟地形相位　　　　图 5.2.8　去除模拟地形相位后差分干涉图

新的差分干涉图。其中，残余基线的估计是通过对差分干涉图的距离向和方位向进行
FFT 得到的。去除线性相位趋势的命令如下：

base_init $master. slc. par $slave. slc. par $off_par $master-$slave. diff $baseline. res 4

base_add $baseline $baseline. res $baseline fine 1

phase_sim 　　　$master. slc. par 　　　$off_par 　　　$baseline. fine 　　　dem_rdc 　　　$master-
$slave. sim_unw. fine 0 0 - -

sub_phase 　　　$master-$slave. int 　　　$master-$slave. sim_unw. fine 　　　$master-$slave. diff_par
$master-$slave. diff. fine 1 0

rascc $master-$slave. smcc $master. mli $width_cc 1 1 0 $rlks $alks 0.1 0.9
1.35 1 $master-$slave. smcc. bmp

　　去除线性相位趋势的缠绕干涉图如图 5.2.9 所示。

　　（3）相位解缠。为了对缠绕的差分干涉图进行相位解缠，需要对其进行自适应滤波和
掩膜处理，最后采用最小费用流方法进行相位解缠。

　　1）自适应滤波。为了更准确地进行相位解缠，需要对差分干涉图进行自适应滤波。
通过逐渐减小滤波窗口的大小，多次运行自适应滤波可以得到更好的滤波效果，但也比较
耗时。自适应滤波的命令如下：

adf $master-$slave. diff. fine $master-$slave. diff. fine. sm $master-$slave. smcc
$width cc 0.7 32 7 8 0 0 0.25

　　滤波后的差分干涉图如图 5.2.10 所示。

　　2）掩膜处理。滤波后的差分干涉图掩膜解缠中需要对部分区域进行掩膜，以防
止解缠错误后解缠误差的传递。掩膜可通过相干值和强度值进行设置，在数据处理
中，使用相干值阈值设定掩膜。根据差分干涉图的不同效果，将相干值阈值设置为
[0.2，0.4]，可以保证有效解缠区域大小的同时，掩盖掉可能会导致解缠不正确的
区域。掩膜命令如下：

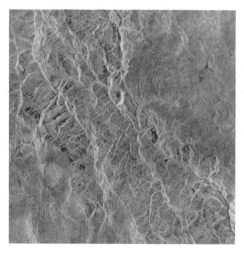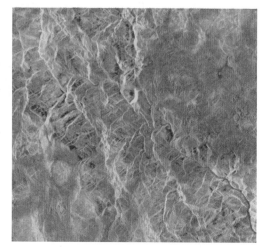

图 5.2.9　去除线性相位趋势的缠绕干涉图　　　　图 5.2.10　滤波后的差分干涉图

rascc $master-$slave. smcc $master. mli $width_cc 1 1 0 $rlks $alks 0.1 0.9
1.35 1 $master-$slave. smcc. bmp

滤波后的相干性图如图 5.2.11 所示。

3）最小费用流法（MCF）解缠。利用最小费用流方法进行解缠时，可通过设置相位解缠起点和相位解缠窗口大小提高相位解缠的精度。相位解缠起点一般选择为相干性较好的人工地物上，相位解缠窗口根据不同的差分干涉图进行调整。利用最小费用流方法进行相位解缠的命令如下：

mcf $master-$slave. diff. fine. sm $master-$slave. smcc $master-$slave. mask. bem $master-$slave. unw
$width_mli 1 0 0 - - 1 1 128

解缠后的干涉图如图 5.2.12 所示。

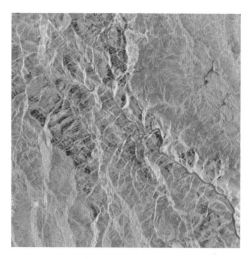

图 5.2.11　滤波后的相干性图　　　　　图 5.2.12　利用 MCF 方法解缠后的干涉图

108

5.2.4 差分干涉计算结果

D-InSAR 自动处理脚本可以对最新获取的两景影像进行差分干涉计算，完成包括数据预处理、地形相位计算以及差分干涉计算 3 部分内容。

以白鹤滩水库为例，对获取的 2022 年 8 月 4 日和 2022 年 8 月 16 日这两个时期的影像进行差分干涉计算，测试平台采用 amd 5800x CPU 进行数据处理，使用 MP600 固态硬盘进行数据存取。在对研究区充分了解的情况下，可以提取覆盖研究区的部分数据来提高自动处理的效率。在此基础上，分别对这 3 部分内容需要的时间进行统计来判断 D-InSAR 自动处理脚本的计算效率。D-InSAR 自动处理脚本的各部分内容耗时见表 5.2.1。

表 5.2.1　　　D-InSAR 自动处理脚本各部分内容耗时表

处 理 内 容	具 体 步 骤	时　间
数据预处理	数据导入	2min
	数据配准	5min
	数据裁剪	2min
地形相位计算	地形相位计算	4min
差分干涉计算	差分干涉	4min
	去除非形变相位	1min
	滤波和相位解缠	2min
总　计	—	20min

从表 5.2.1 可知，数据预处理和差分干涉计算步骤耗时较长，随着监测时间段的增加，两两干涉计算的影像对增加，会使得耗时大幅度增加。地形相位计算具有相对固定的时间消耗，不会随着数据量增大而耗时增加。

此外，本次自动处理脚本测试中已明确了白鹤滩水库研究区边界，在数据预处理阶段，仅导入了包含有白鹤滩水库的 IW 条带影像，能够极大节省导入过程的时间和硬盘空间，并减少后续处理步骤的时间消耗。对于持续观测的研究区，此 D-InSAR 处理脚本能够快速获取研究区内的最新形变情况。

5.3　大气效应精细改正方法

对于星载重复轨道 InSAR 来说，在利用微波信号对地观测时，微波信号必然会受到大气折射的影响。两次获取 SAR 影像时刻的大气状况不一定完全一致，而 InSAR 测量结果是两次回波信号之差，所以大气状况不一致将引入噪声，并且难以完全消除。因此无论是在 D-InSAR 还是在时序 InSAR 中，大气延迟都是一个主要误差源。最大可导致数厘米的形变误差，这将掩盖微小的形变信号，影响 InSAR 的监测精度。

普遍认为对流层延迟和电离层延迟对 InSAR 测量精度影响最大，电离层延迟与微波频率和电子密度有关，对流层延迟与温度、气压、水汽含量等有关。其中大气水汽含量占主要因素，这是因为大气水汽含量在时间上和空间上的变化十分复杂，这给 InSAR 相位带来较大的附加相位变化，并且难以准确确定。目前，针对 InSAR 对流层延迟校正的研究较多，对于短波长微波来说，认为 InSAR 大气延迟主要由对流层延迟引起。依据大气延迟相位的时间、空间分布特征一般可以将对流层延迟分为大气垂直分层延迟和湍流混合延迟，前者与高程具有强相关性，可以通过建立关系模型来确定该类延迟数值，后者则表现出高随机性。对于地形起伏较大地区，尤其是高山峡谷地区，受与高程相关的大气延迟影响较为严重。

大气的温度、气压、水汽含量的变化会引起大气折射率的改变，折射率变化致使电磁波在卫星和目标之间传播路径发生改变引起大气延迟效应（Li et al.，2006），大气延迟效应 ΔL（单位：m）可以表示为

$$\Delta L = 10^{-6} \int_{Z_0}^{\infty} N \mathrm{d}z = 10^{-6} \left[\frac{k_1 R_d}{gm} P(Z_0) + \int_{Z_0}^{\infty} \left(k_2 \frac{e}{T} + k_3 \frac{e}{T_2} \right) \mathrm{d}z \right] Me \quad (5.3.1)$$

式中：N 为大气折射率；$P(Z_0)$ 为在高度 Z_0 处的气压，单位为帕斯卡（Pa）；g 为平均重力加速度，m/s²；e 为水汽压，Pa；T 为温度，K；Me 为将天顶对流层总延迟投影到电磁波传播方向的映射函数；其余为常数：$R_d = 278.05 \mathrm{Jkg}^{-1}\mathrm{k}^{-1}$，$k_1 = 0.776 \mathrm{kPa}^{-1}$，$k_2 = 0.223 \mathrm{kPa}^{-1}$ 和 $k_3 = 3.75 \times 10^3 \mathrm{kPa}^{-1}$。从重复轨道卫星观测的 SAR 数据获取的干涉相位 $\delta\varphi$ 为（Zebker et al.，1997）

$$\delta\varphi = \varphi_1 - \varphi_2 = \frac{4\pi}{\lambda \cos\theta} \left(r_1 - r_2 + \frac{4\pi}{\lambda \cos\theta} (\Delta L_1^{\mathrm{atm}} - \Delta L_2^{\mathrm{atm}}) \right) \quad (5.3.2)$$

式中：λ 为入射波波长；r_1、r_2 为两次成像时卫星与目标点的斜距；$\Delta L_1^{\mathrm{atm}}$、$\Delta L_2^{\mathrm{atm}}$ 为不同高度的两点 x、y 之间垂直方向电磁波传输延迟，则两次成像期间的大气附加相位为

$$\varphi_{\mathrm{atm}} = \frac{4\pi}{\lambda \cos\theta} (\Delta L_1^{\mathrm{atm}} - \Delta L_2^{\mathrm{atm}}) \quad (5.3.3)$$

结合式（5.3.3）可知，已知目标区域的温度气压等气象数据就可以计算出对应的大气延迟分量。

白鹤滩水库库区位于金沙江下游，地势东高西低，沿江两岸坡陡，山高谷深，河谷地貌多呈 V 形发育，属于典型的高山峡谷地区，地形起伏较大，气候环境复杂，主要受与高程相关大气效应的影响。目前，国际上常用的大气延迟改正方法可以分为两类：借助外部气象数据的大气延迟改正和基于数据自身的大气延迟改正。主要基于线性改正模型、借助外部数据 GACOS 以及人工智能方法进行大气效应的改正，以探索出一套适用于库岸高山峡谷区的大气效应精细化改正方法。

5.3.1 基于线性改正模型的大气改正方法

在已知当地水汽压、折射系数、温度等基本气象数据时，可以准确计算目标区域的大气延迟从而移除大气效应对 InSAR 形变监测的影响，但是在大多数情况下很难获取上述气象资料准确计算大气延迟效应。研究表明，大气延迟相位变化和高程起伏变化具有很高的一致性。基于地形高程 h 为自变量的线性大气改正模型针对这种大气延迟现象具有一定的改正效果（Rott，2009），其线性模型表达式为

$$\varphi_{\mathrm{atm}} = P_1 h + P_2 \tag{5.3.4}$$

式中：φ_{atm} 为研究区域内的模拟大气相位；h 为高程；P_1、P_2 为该线性模型的两个常数。

线性模型是建立在最小二乘拟合的基础上，适用于大多数天气状况。但特殊情况除外，如倒置或非单调的对流层。利用线性模型进行大气改正时，对模型系数 P_1、P_2 选取有所要求。选取线性模型系数 P_1、P_2，为避免形变相位影响大气模拟相位的提取精度，可将研究区域整景干涉图的形变区域和稳定区域划分开来，选择距形变区域较远的位置。

利用覆盖白鹤滩水库区域的 Sentinel-1 影像，经过数据预处理和差分干涉处理得到干涉图。选取相干性整体较好，解缠相位没有跳变的 27 个干涉对，利用线性模型对其解缠相位进行大气改正。

图 5.3.1～图 5.3.3 显示了白鹤滩库区 27 个干涉对（影像获取时间 20210421—20210704）的原始解缠图、大气模拟图和大气效应改正后结果图。整体趋势而言，干涉图相位空间分布与白鹤滩库区的地形起伏存在较大的相关性，也就说明大气垂直分层延迟相位占主导地位。线性模型是基于单幅干涉图假设一个简单的相位与高程的关系，尺度因子为一个全局常数，无法有效地估计空间变化的对流层延迟。从以上改正结果可以看出：对于小部分干涉对中大气延迟较为严重的区域线性模型改正效果较好，比如（1）、（2）、（13）、（16）、（19）和（22）；但是对于大部分干涉对的大气改正效果不佳，尤其大气延迟不严重的干涉对，经过线性模拟改正后甚至引入了较小的相位误差。

5.3.2 基于 GACOS 数据的大气改正方法

InSAR 通用大气校正在线服务（generic atmospheric correction online service for in-SAR，GACOS）由英国纽卡斯尔大学李振洪团队开发，用于 InSAR 大气校正。用户可以申请 GACOS 数据，需要根据自己的差分干涉图信息输入相应的经纬度范围和时间，不久之后 GACOS 就会发送给用户相应位置和时间的天顶总延迟图数据，数据以米为单位，单位为浮点型，名字一般命名为日期加 ".ztd" 的形式，还有一个对应的文件用来说明该数据的经纬度范围、行列数和分辨率等信息。GACOS 数据的时间分辨率可以精确到分钟，空间分辨率为 90m，用户收到天顶总延迟数据之后可以将其换算为大气相位，并从解缠相位中减去，这就达到了大气校正的目的。

GACOS 以空间分辨率为 0.125°、时间分辨率为 6h 的 ECMWF 天气模型、来自内华达大地测量实验室（Neveda Geodetic Laboratory）的 GNSS 对流层延迟产品、90m 分辨率的 SRTM DEM 以及 90m 分辨率的 ASTER GDEM 作为数据源，具有可用范围广、易于实施等优点。GACOS 属于基于外部数据的大气校正方法，并且将 GPS 数据和气象数据结合使用（Ruya et al.，2021）。

图 5.3.4 为白鹤滩附近地区 GACOS 数据。该数据的特点包括：①全球覆盖率、全天候、全时段的使用性；②近实时的天顶对流层延迟图；③评估校正性能和可行性的指标。该模型中 90m 的 SRTM DEM（南纬60°至北纬60°）和 ASTEG DEM（用于高纬度地区）参与了 GACOS 大气延迟产品的处理。GACOS 数据将 GPS 和 ECMWF 按不同权重进行集合，采用迭代对流层分解（ITD）插值模型对 GPS 数据与 ECMWF 中温度、水汽压等气象数据集成的天顶对流层总延迟（ZTDs）进行空间插值生成对流层大气延迟图（Yu et al.，2017）。

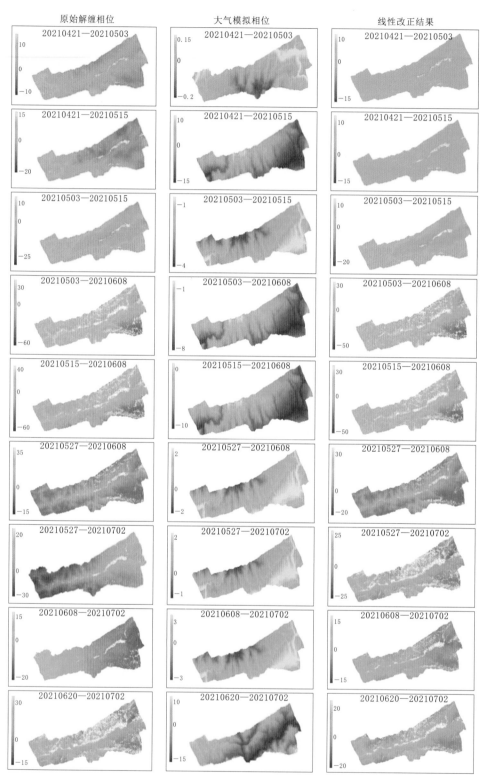

图 5.3.1 第 1～9 干涉对线性模型大气效应改正结果

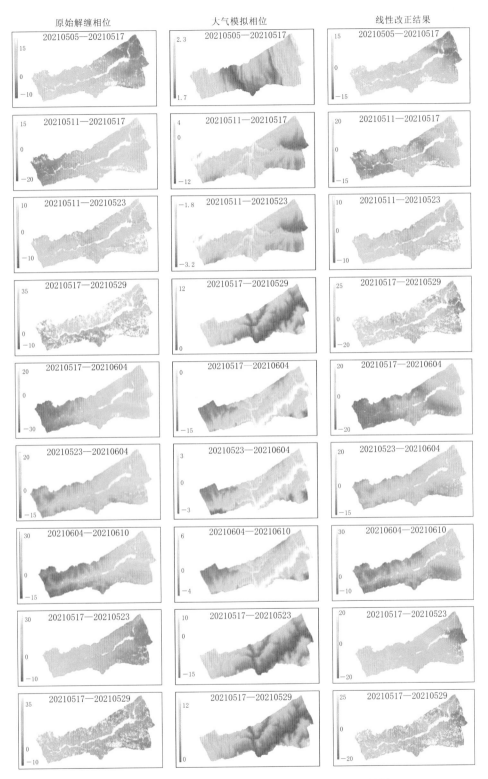

图 5.3.2　第 10~18 干涉对线性模型大气效应改正结果

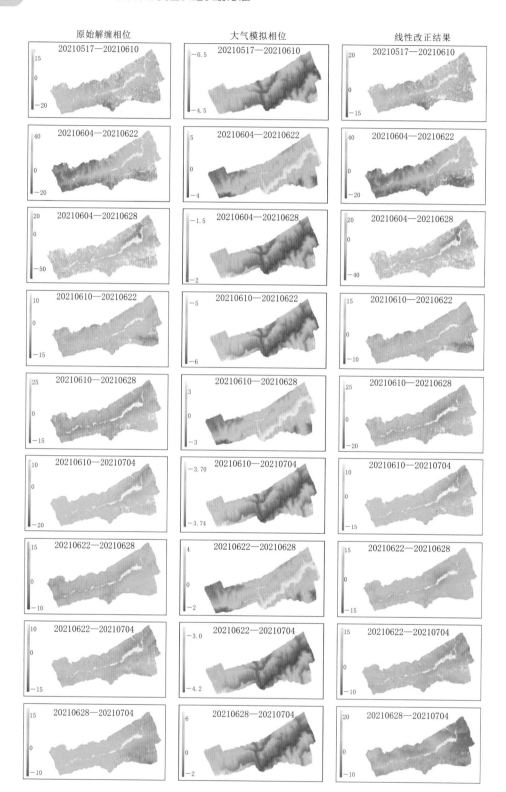

图 5.3.3 第 19～27 干涉对线性模型大气效应改正结果

针对白鹤滩水库区域高程相关的大气延迟效应，将覆盖研究区域的 SAR 影像经过差分干涉处理得到对应的干涉图，在获取每个干涉对相应 GACOS 数据后，利用 matlab 软件编程实现后续计算，完成大气延迟效应改正。

如图 5.3.5 所示为 GACOS 数据处理流程图，GACOS 大气改正步骤主要分为：

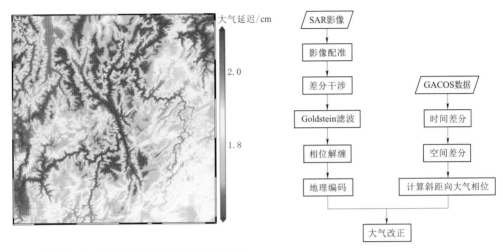

图 5.3.4　2021 年 3 月 24 日 22 时 11 分
白鹤滩附近地区 GACOS 数据

图 5.3.5　GACOS 数据处理流程图

第一步是将处理好的解缠相位进行地理编码，雷达坐标系下解缠相位转为地理坐标系下。

第二步是时间差分：在接收到主从影像获取时间的 GACOS 数据后，一般利用从影像日期的数据减去主影像日期的数据得到天顶延迟之差 ZPDDM。公式如下：

$$ZPDDM(date1, date2) = ZTD(date 2) - ZTD(date1) \qquad (5.3.5)$$

式中：ZTD 为天顶总延迟；date1 和 date2 分别为主影像日期和从影像日期。

第三步是选择空间参考点：相位参考点的选取至关重要，一般选取影像中心保持稳定而且相干性高的点，例如参考点选为位置 A，则从 ZPDDM 中减去 A 上的延迟值：

$$SZPDDM(lat_i, lon_i) = ZPDDM(lat_i, lon_i) - ZPDDM(lat_A, lon_A) \qquad (5.3.6)$$

如果针对时序 InSAR 利用 GACOS 进行大气校正，每个干涉对都需要选取同一个参考点才能保证结果准确。

第四步是将天顶方向 SZPDDM 转为斜距向大气相位。

第五步是进行大气校正：利用地理编码后的解缠相位减去计算得到的大气相位就达到了大气校正的目的。

将研究区白鹤滩原始干涉对的原始解缠相位、天顶延迟差分相位和 DEM 数据，利用 matlab 进行 GACOS 数据大气延迟相位处理。

图 5.3.6～图 5.3.8 显示了白鹤滩库区 27 个干涉对（影像获取时间 20210421—20210704）的原始解缠图、GACOS 差分干涉延迟相位图和大气改正后结果图。可以看

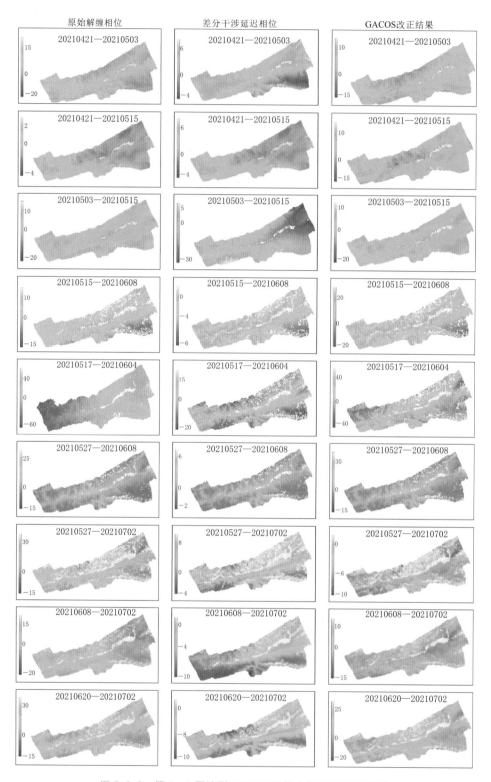

图 5.3.6 第 1～9 干涉对 GACOS 数据大气效应改正结果

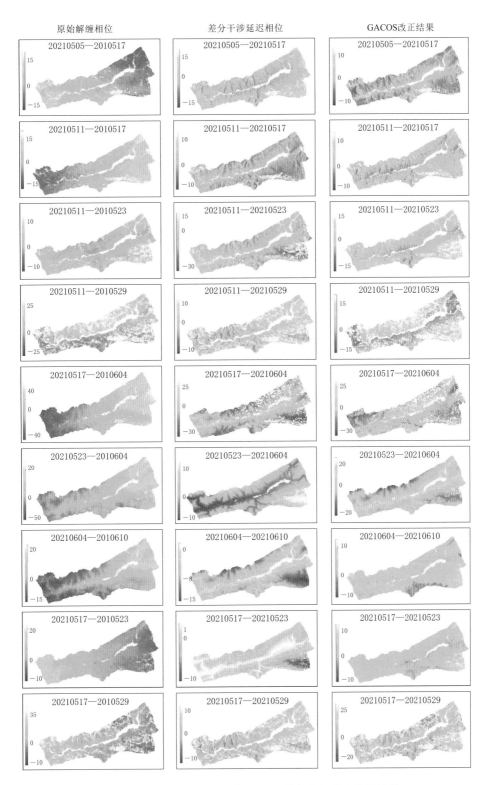

图 5.3.7 第 10～18 干涉对 GACOS 数据大气效应改正结果

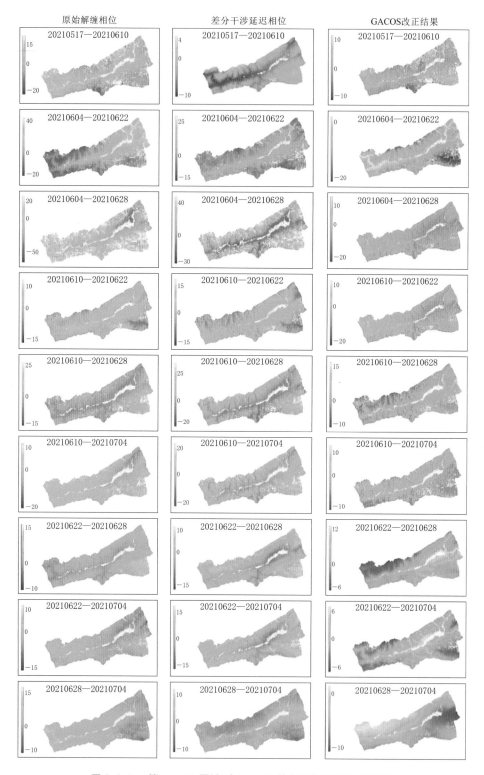

图 5.3.8　第 19～27 干涉对 GACOS 数据大气效应改正结果

出：大部分干涉对的解缠相位受高程相关大气延迟效应影响较为严重，且大气延迟相位随高程的不同发生变化，大气延迟差分干涉相位明显。利用上述 GACOS 大气延迟效应的改正步骤，去除大气延迟差分相位后的改正结果，可以看出干涉对（1）、（4）、（5）、（7）、（11）、（14）、（16）、（17）、（19）、（27）大气改正效果较好。对于受高程相关大气效应影响不严重的干涉对，改正效果一般，少量干涉对引入了较小的相位误差。

5.3.3　基于人工智能的大气改正方法

机器学习是一种包括遥感在内强大的图像处理技术，其中人工神经网络算法应用广泛，可以完成图像的识别、数据处理等（Zhang et al.，2015）。人工神经网络的算法众多，如误差反向传播（back propagation，BP）神经网络、概率神经网络（probabilistic neural network）、卷积神经网络（convolutional neural network，CNN）、时间递归神经网络（long short-term memory network，LSTM）和多层感知器（multis-layer perceptron，MLP）神经网络等。人工神经网络由一系列的单元紧密结合而成，每个单元中有若干个实数输入和唯一的实数输出，其中最重要的应用就是感知器在处理数据的同时进行自适应性学习，训练数据并预测未训练样本数据。其中多层感知器是神经网络算法研究与应用中最基本的网络模型之一，广泛应用于遥感图像处理、

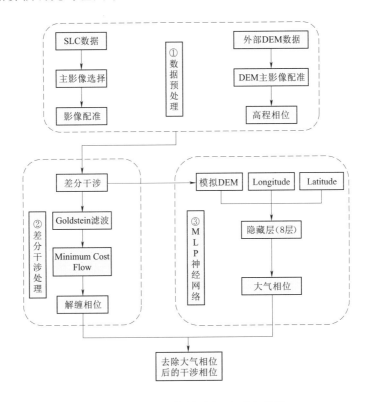

图 5.3.9　人工智能大气改正流程图

图像识别、优化计算、最优预测和自适应控制等领域。为此，本书引入了一种用于 InSAR 高程相关大气延迟改正的 MLP（multi-layer perception，多层感知器）神经网络模型方法。

利用 MLP 神经网络方法，进行 InSAR 中大气延迟相位的改正。其中深度神经网络结构由 10 层组成，输入层是由步骤二差分干涉生成的模拟 DEM、经度和纬度 3 个神经元组成。将模拟 DEM 的每个像素视为一个样本。前两个隐藏层是含有 4096 个神经元完全连接的层。首先，将输入数据提升到高维空间中，对原始数据进行稀疏表示。其次，对中间稀疏数据进行逐步压缩。第 3、4 隐藏层是含有 2048 个神经元的完全连接层。第 5、6 隐藏层是含有 1024 个神经元的完全连接层。第 7、8 隐藏层是含有 512 个神经元的完全连接层。输出层是一个全连接层，有 1 个神经元，代表大气相位。对于每个隐藏层，激活函数为 ReLU（rectified linear unit，线性整流函数），批处理大小是 9192，所提出的神经网络经过了 50 个纪元。

如图 5.3.9 所示，人工智能大气改正主要分为以下 4 个步骤：

步骤 1：收集覆盖目标区域的 SAR 数据与外部参考 DEM 数据，进行数据预处理。

步骤 2：进行差分干涉、滤波以及相位解缠处理，计算出 SAR 数据的解缠相位。

步骤 3：利用 MLP（multi-layer perception，多层感知器）神经网络方法，计算出大气相位。

步骤 4：解缠相位值减去对应干涉对的大气相位值，完成大气效应改正。

如图 5.3.10～图 5.3.12 所示，利用 MLP 神经网络模型对白鹤滩库区 27 个干涉对进行大气效应改正。

从图 5.3.10～图 5.3.12 中的原始解缠相位和大气模拟相位可以看出：白鹤滩山区对应的 27 个干涉对受高程相关大气延迟效应影响较为严重，大气延迟相位与高程变化具有一致性，大气模拟相位较为明显。从 MLP 神经网络模型可以看出高程相关的大气延迟效应有不同程度的减小，改正后的干涉图的相位基本上都较为平滑。通过 MLP 神经网络模型大气改正后，大气延迟相位去除的效果，较前两种方法而言较为明显。因该模型无需建立相位-高程的线性关系，不引入任何外部数据，对于高程相关的大气改正具有一定的适用性，大气改正效果比较显著。

5.3.4　大气效应改正结果对比分析

表 5.3.1 是将本次研究的白鹤滩库区 27 个干涉对经过线性模型大气延迟改正前后解缠相位标准差对比。可以看出：有 16 个干涉对的解缠相位标准差降低，平均降低 12.44%，其中干涉对 20210421—20210503 解缠相位标准差降低幅度最大，相位标准差由 2.5847 减小为 1.0818，变化率为 58.15%；11 个干涉对的解缠相位标准差增大，平均增大 22.34%，其中干涉对 20210517—20210604 解缠相位标准差增加最多，相位标准差由 2.5069 增大为 4.7495，变化率为 -89.46%。可以发现使用线性模型改正大气延迟之后，解缠相位标准差降低幅度（12.44%）远小于解缠相位标准差升高的幅度（22.34%）。

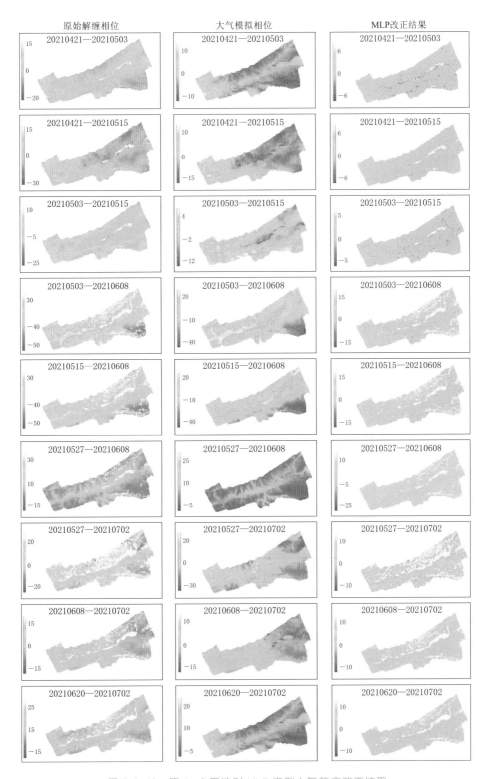

图 5.3.10　第 1～9 干涉对 MLP 模型大气效应改正结果

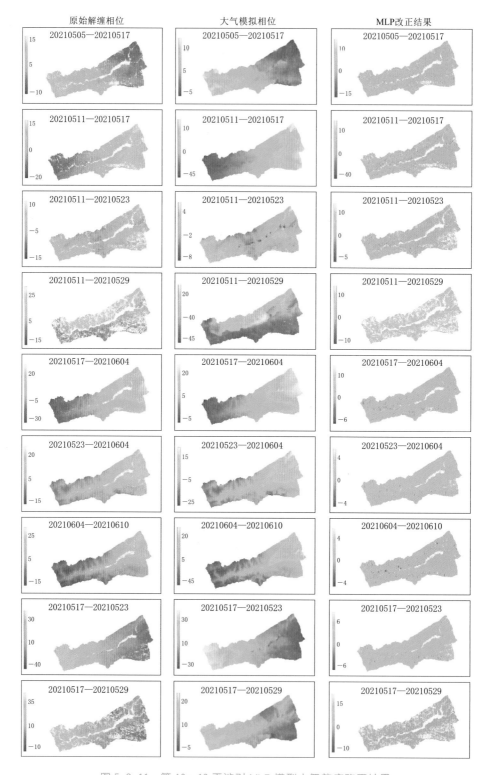

图 5.3.11　第 10～18 干涉对 MLP 模型大气效应改正结果

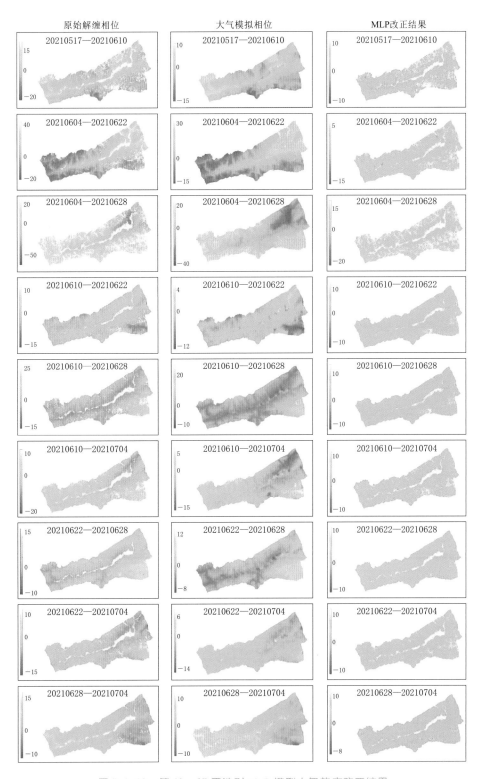

图 5.3.12　第 19～27 干涉对 MLP 模型大气效应改正结果

表 5.3.1　　　　　　　　　线性模型改正前后解缠相位标准差对比

干　涉　对	原始相位标准差	改正后相位标准差	标准差变化率/%
20210421—20210503	2.5847	1.0818	58.15
20210421—20210515	2.5763	2.0610	20.00
20210503—20210515	2.4871	2.4595	1.11
20210503—20210608	8.3291	7.8447	5.82
20210515—20210608	10.666	10.2396	4.00
20210527—20210608	3.7102	3.8337	−3.33
20210527—20210702	4.8740	4.8671	0.14
20210608—20210702	1.7002	1.7153	−0.89
20210620—20210702	3.8800	3.9900	−2.84
20210505—20210517	1.8009	2.6126	−45.07
20210511—20210517	1.3549	2.0292	−49.77
20210511—20210523	1.4752	1.4574	1.21
20210511—20210529	5.4810	5.1509	6.02
20210517—20210523	1.3345	1.2010	10.00
20210517—20210529	2.4892	2.7808	−11.71
20210517　20210604	2.5069	4.7495	−89.46
20210517—20210610	3.0286	2.8940	4.44
20210523—20210604	3.1689	3.5079	−10.70
20210604—20210610	4.6820	4.2856	8.47
20210604—20210622	6.0431	6.5359	−8.15
20210604—20210628	7.7427	7.7347	0.10
20210610—20210622	1.4863	1.4860	0.02
20210610—20210628	2.7725	1.7153	38.13
20210610—20210704	2.2330	1.4860	33.45
20210622—20210628	1.8130	1.6680	8.00
20210622—20210704	1.3255	1.3791	−4.04
20210628—20210704	1.3347	1.5988	−19.79

　　表 5.3.2 是本次研究将白鹤滩库区 27 个干涉对，经过 GACOS 大气延迟改正前后解缠相位标准差变化统计。可以看出：经过外部数据 GACOS 大气改正之后，有 24 个干涉对解缠相位标准差降低，其中 20210515—20210608 对应的干涉对相位标准差降低的幅度最大，相位标准差由 10.666 减小为 5.8663，变化率为 45.00%；3 个干涉对解缠相位标准差升高，升高幅度最大的干涉对是 20210505—20210517，相位标准差由 1.8009 增大为 2.1425，变化率为−18.97%。可以发现经过 GACOS 大气延迟改正之后，解缠相位标准差降低的干涉对数量远大于标准差升高的数量，同时降低的幅度也大于升高的幅度。

表 5.3.2 GACOS 改正前后解缠相位标准差对比

干 涉 对	原始相位标准差	改正后相位标准差	标准差变化率/%
20210421—20210503	2.5847	2.2440	13.18
20210421—20210515	2.5763	2.1641	16.00
20210503—20210515	2.4871	2.2096	11.16
20210503—20210608	8.3291	6.2568	24.88
20210515—20210608	10.666	5.8663	45.00
20210527—20210608	3.7102	4.2197	−13.73
20210527—20210702	4.8740	3.1127	36.14
20210608—20210702	1.7002	1.6807	1.15
20210620—20210702	3.8800	3.0998	20.11
20210505—20210517	1.8009	2.1425	−18.97
20210511—20210517	1.3549	1.2841	5.23
20210511—20210523	1.4752	1.1516	21.94
20210511—20210529	5.4810	4.4087	19.56
20210517—20210523	1.3345	1.0542	21.00
20210517—20210529	2.4892	2.3634	5.05
20210517—20210604	2.5069	2.3539	6.10
20210517—20210610	3.0286	2.7658	8.68
20210523—20210604	3.1689	3.342	−5.46
20210604—20210610	4.6820	4.0265	14.00
20210604—20210622	6.0431	3.7467	38.00
20210604—20210628	7.7427	7.0434	9.03
20210610—20210622	1.4863	1.3052	12.18
20210610—20210628	2.7725	1.5418	44.39
20210610—20210704	2.2330	2.0201	9.53
20210622—20210628	1.8130	1.4914	17.74
20210622—20210704	1.3255	1.3126	0.97
20210628—20210704	1.3347	1.3060	2.15

表 5.3.3 统计了 MLP 神经网络大气改正前后解缠相位标准差变化结果。可以看出：使用 MLP 神经网络模型对白鹤滩库区的 27 个干涉对进行大气延迟校正之后，27 个干涉对的解缠相位标准差均减小。其中减小幅度最大的是干涉对 20210515—20210608，相位标准差由 10.666 减小为 1.3901，变化率为 86.97%。减小幅度最小的是干涉对 20210511—20210517，相位标准差由 1.3549 减小为 1.0435，变化率 22.98%，相位标准差的最大和最小变化率相差 64%。这些数据说明利用 MLP 神经网络模型进行大气改正的可靠性。

表 5.3.3   MLP 神经网络大气改正前后解缠相位标准差对比

干 涉 对	原始相位标准差	改正后相位标准差	标准差变化率/%
20210421—20210503	2.5847	1.0807	58.19
20210421—20210515	2.5763	0.6896	73.23
20210503—20210515	2.4871	0.6379	74.35
20210503—20210608	8.3291	1.2775	84.66
20210515—20210608	10.666	1.3901	86.97
20210527—20210608	3.7102	0.8237	77.80
20210527—20210702	4.8740	1.7375	64.35
20210608—20210702	1.7002	0.8569	49.60
20210620—20210702	3.8800	1.0179	73.77
20210505—20210517	1.8009	0.7269	59.64
20210511—20210517	1.3549	1.0435	22.98
20210511—20210523	1.4752	0.8093	45.14
20210511—20210529	5.4810	1.3385	75.58
20210517—20210523	1.3345	0.8304	37.77
20210517—20210529	2.4892	1.0672	57.13
20210517—20210604	2.5069	0.7856	68.66
20210517—20210610	3.0286	1.1135	63.23
20210523—20210604	3.1689	0.6192	80.46
20210604—20210610	4.6820	0.7508	83.96
20210604—20210622	6.0431	1.1808	80.46
20210604—20210628	7.7427	1.7992	76.76
20210610—20210622	1.4863	0.7988	46.26
20210610—20210628	2.7725	0.9347	66.29
20210610—20210704	2.2330	0.8367	62.53
20210622—20210628	1.8130	0.6259	65.48
20210622—20210704	1.3255	0.6974	47.39
20210628—20210704	1.3347	0.6117	54.17

    本书分别利用线性模型、外部数据 GACOS 和 MLP 神经网络模型 3 种方法，对白鹤滩库区 27 个干涉对进行高程相关大气改正。将 3 种改正方法对比分析，旨在选出最优大气改正效果。

    干涉对 20210421—20210503、20210421—20210515、20210517—20210523、20210517—20210604、20210604—20210610 和 20210628—20210704 利用线性改正模型和 GACOS 进行大气延迟改正后，1 号、3 号、4 号、6 号、7 号、8 号、9 号、10 号和 12 号区域内较为严重的大气效应得到不同程度的减弱，但是 2 号、5 号、11 号区域反而引入了较小的相位误差。如图 5.3.13 所示，经过 MLP 神经网络方法改正后，所有大气延迟效应严重的区域，不仅未引入较大面积的相位误差，而且每个区域大气改正效果明显。对比线性模型和 GACOS 方法对流层延迟校正后的大气延迟相位削减程度较大。

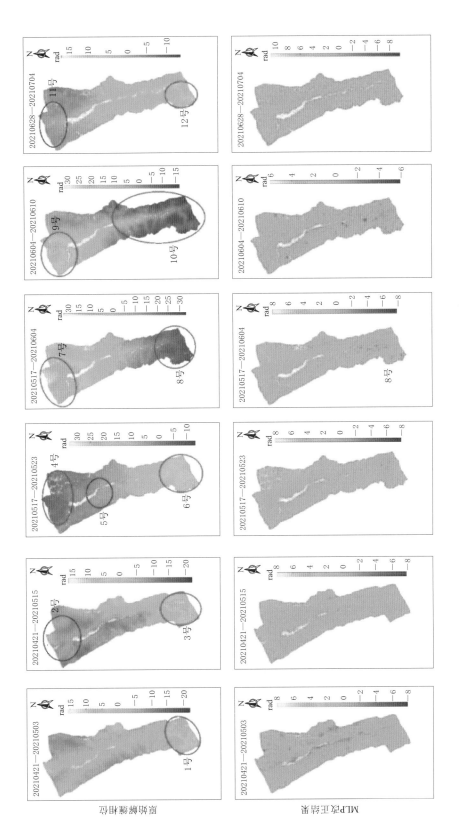

图 5.3.13 MLP 神经网络部分干涉对大气改正结果

通过拟合解缠相位与地面高程的线性关系，更直观地将 MLP 神经网络大气延迟校正结果和原始干涉图进行统计比较和分析。如图 5.3.14 和图 5.3.15，分别表示白鹤滩库区 20210604—20210610 干涉图部分区域原始解缠相位和 MLP 神经网络大气改正方法后解缠相位与高程的线性关系，图中 ϕ 表示相位，h 表示高程。

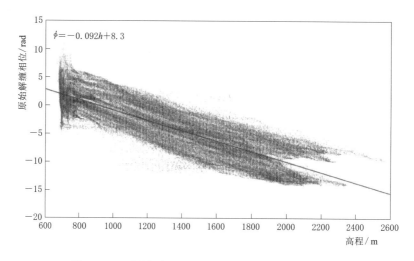

图 5.3.14　干涉对 20210604—20210610 原始解缠相位
与高程的关系图

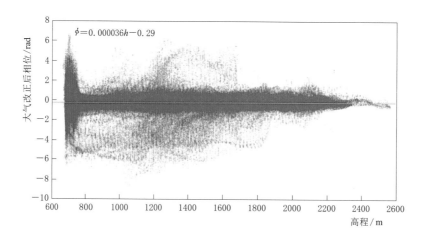

图 5.3.15　干涉对 20210604—20210610MLP 神经网络大气改正后
解缠相位与高程的关系图

白鹤滩库区 20210604—20210610 干涉对原始解缠相位与高程的关系线性拟合后系数为 -0.092，经过 MLP 神经网络改正后解缠相位与高程的线性系数为 0.000036，与 0 值非常接近，说明两者相关性很弱。相比于该区域经过线性模型和 GACOS 大气改正后，解缠相位与高程的线性系数为 -0.082 和 -0.0021，MLP 解缠相位与高程两者的相关性只有轻微的减小。

图 5.3.16 和表 5.3.4 统计了白鹤滩水库地区的 27 个干涉对分别使用线性模型改正、外部数据 GACOS 和 MLP 神经网络改正大气延迟后相位标准差减小的干涉图的数量以及减小的幅度。

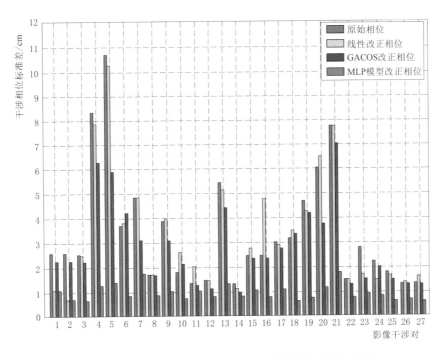

图 5.3.16　干涉图大气延迟改正前后的相位标准差削减情况

可以看出经过线性改正和 GACOS 改正后，有部分干涉对相位标准差减小，且减小的幅度不大，部分干涉对相位标准差反而增大。经过 MLP 神经网络改正后，27 个干涉对相位标准差均减小，且减小幅度较大。

表 5.3.4　　　　3 种改正方法校正后干涉图相位标准差减小干涉对数
及其占总对数百分比统计表

类　　别	线性模型	GACOS	MLP 神经网络
标准差减小的干涉对数量	16	24	27
标准差减小的干涉对所占比例	59%	89%	100%
标准差减小的干涉对平均减小	12.44%	16.8%	64.33%
标准差增大的干涉对平均增大	22.34%	12.72%	0

表 5.3.4 是本次研究白鹤滩库区 27 个干涉对经过线性模型、GACOS 和 MLP 神经网络，3 种大气延迟改正方法相位标准差变化统计结果。线性模型方法改正后，相位标准差降低的干涉对占 27 个干涉对的 59%，在 3 种方法中最低；GACOS 大气改正后有 89% 的干涉对的解缠相位标准差减小，标准差降低的干涉图所占比例大于线性模型改正方法；MLP 神经网络方法改正后相位标准差降低的干涉对所占比例为 100%，远远

大于线性模型和 GACOS 方法。所以，对于白鹤滩库区高程相关的大气延迟来说，MLP 神经网络方法大气改正结果的效果均优于线性模型改正、外部数据 GACOS；GACOS 改正的效果优于线性模型方法。从大气延迟改正精度比较，使用线性模型方法进行大气延迟校正后，所有标准差减小的干涉对的相位标准差平均减小 12.44%，为 3 种方法中最低；使用 GACOS 进行大气延迟校正后，解缠相位标准差平均减小 16.8%，大于线性模型方法，位于第二等级；经过 MLP 神经网络方法校正大气延迟后，相位标准差平均减小都在 64.33% 左右，远远高于前两种改正方法，对于白鹤滩库区高程相关的大气延迟改正效果更明显。

5.3.5 大气效应改正后的 D-InSAR 滑坡识别

为了验证分析白鹤滩水库库区大气效应改正的效果，将白鹤滩库区大气延迟严重的干涉对 20210517—20210604 相位转形变处理，利用上述 3 种方法对其进行大气改正，分别得到原始形变结果图 5.3.17（a），线性模型改正后形变结果图 5.3.17（b），GACOS 改正后形变结果图 5.3.17（c）和 MLP 神经网络模型改正后形变结果图 5.3.17（d）。

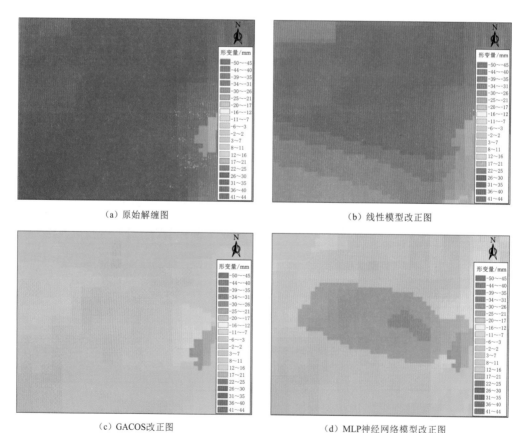

（a）原始解缠图 　　　　　　　　　　　（b）线性模型改正图

（c）GACOS 改正图 　　　　　　　　　　（d）MLP 神经网络模型改正图

图 5.3.17　形变结果图（20210517—20210604）

从图 5.3.17 原始形变结果图中可以看到该坡体区域无变形迹象，周围有大气相位误差影响严重，不能判断准确的形变位置和形变量级。线性模型和 GACOS 改正后效果不佳，滑坡不易识别。MLP 神经网络模型改正效果显著，除坡体范围内有明显形变外，非形变区域形变量在 0mm 左右，可以更加准确地分析形变区域。

对该形变区域进一步分析，该区域位于四川省凉山彝族自治州会东县溜姑乡三家村附近，中心经度为 103°1′19″，中心纬度为 26°36′59″。坡体海拔为 772～1028m，高差 256m。坡体较为陡峭。根据图 5.3.18 (a) 所获取的形变监测结果，此区域强形变区域较为明显（如图中蓝色虚线所示），位于坡体中下部。最大视线向形变量可达 28mm 左右，除坡体其他区域形变信号不明显，处于较为稳定状态，图 5.3.18 (b) 为形变遥感解译图。

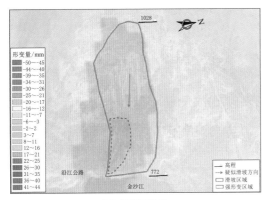

（a）形变速率图

（b）形变遥感解译

图 5.3.18　MLP 神经网络大气改正结果

同样，将白鹤滩库区大气延迟严重的干涉对 20210604—20210610 相位转形变处理，可发现局部区域有形变迹象，但是大气延迟效应严重影响形变结果的精度。利用上述 3 种方法对其进行大气改正，分别得到原始形变结果图 5.3.19 (a)，线性模型改正后形变结果图 5.3.19 (b)，GACOS 改正后形变结果图 5.3.19 (c) 和 MLP 神经网络模型改正后形变结果图 5.3.19 (d)。

从图 5.3.19 中可以看出，原始形变结果图受大气延迟效应严重，不能准确判断形变位置和形变量级。线性模型和 GACOS 改正后效果不佳，改正后大气相位仍然很严重，未能准确地识别变形体。MLP 神经网络模型改正效果显著，除坡体范围内有明显形变外，非形变区域形变量在 0mm 左右，可以更加准确地分析形变区域。

对该形变区域进一步分析，该区域位于云南省曲靖市会泽县娜姑镇大坪子村附近，中心经度为 103°4′.24″，中心纬度为 26°31′3″。坡体海拔约 1160～1492m，高差 332m。坡体较为陡峭。根据图 5.3.20 (a) 所获取的形变监测结果，此区域强形变区域较为明显（如图中蓝色虚线所示），最大视线向形变量可达 30mm 左右，坡体其他区域有少量形变信号。

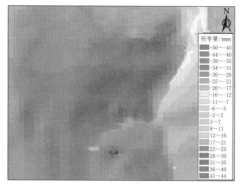

（a）原始解缠图

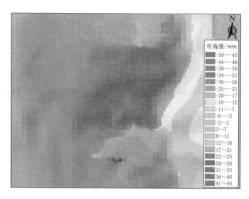

（b）线性模型改正图

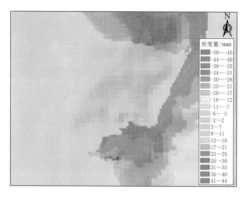

（c）GACOS改正图

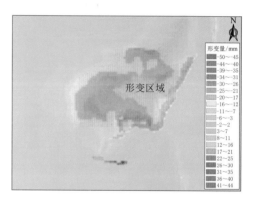

（d）MLP神经网络模型改正图

图 5.3.19　形变结果图（20210604—20210610）

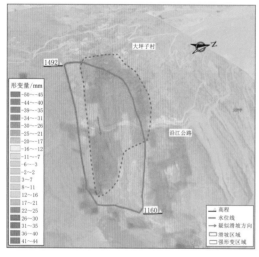

（a）形变速率图

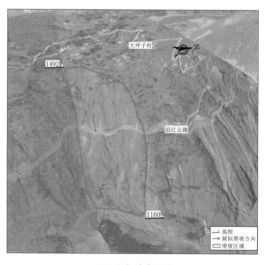

（b）形变遥感解译

图 5.3.20　MLP 神经网络大气改正结果

综上所述，得出以下结论：

（1）使用干涉图原始解缠相位与 3 种方法大气改正后解缠相位标准差变化表征各方法的优劣，经过 MLP 神经网络方法校正大气延迟后，相位标准差平均减小都在 64％左右，远远高于前两种改正方法，对于白鹤滩库区高程相关的大气延迟改正效果更明显。

（2）分析小区域探讨高程相关大气延迟的影响，经过 MLP 神经网络模型改正后，所有大气延迟效应严重的区域，不仅未引入较大面积的相位误差，而且每个区域大气改正效果明显。对比线性模型和 GACOS 方法对流层延迟校正后的大气延迟相位削减程度较大。

（3）利用 3 种方法对干涉图 20210517—20210604 和 20210604—20210610 进行大气改正后，MLP 神经网络模型改正结果更加准确地识别分析出三家村和大坪子村两个滑坡变形体。通过以上 4 个方面对比分析出，基于白鹤滩库区高程相关大气延迟效应，利用 MLP 神经网络模型改正效果最佳。

5.4 基于 D－InSAR 形变区快速识别

白鹤滩库区相对高差大地形陡峭，属于典型的高山峡谷地貌等，地质隐患点往往具有分布范围广、交通不便、滑源区人难以至等特点。传统的地质调查手段在大范围、地势陡峭的高位滑坡隐患识别中具有很大局限性，很难高效、广域、快速、精准地查明潜在的地质灾害隐患。近年来，基于航空航天数据的合成孔径雷达干涉测量（interferometry synthetic aperture radar，InSAR）在广域高位的隐患识别中具有明显的优势，具有覆盖范围广、不受云雾限制、重访周期短等特点，逐渐在四川山区、甘肃等区域被应用于大范围的地灾隐患识别。合成孔径雷达差分干涉测量（differential interferometric synthetic aperture radar，D－InSAR）是在合成孔径雷达干涉测量技术（InSAR）基础上发展起来的基于面观测的形变监测手段。

为了保证 InSAR 监测结果的可靠性，首先选取短基线干涉对形成干涉对组合增大了单一主影像条件下干涉纹图的数目，进行组合间的对比验证，有效地降低空间失相干带来的影响，再对干涉图进行解译，识别出发生形变的区域，该技术对于库区蓄水期水位变化快导致的地质环境变化、地质灾害隐患具有极强的突发性等特点具有一定的优势，可快速准确地识别出潜在隐患点。利用该技术快速准确地发现白鹤滩库区蓄水期滑坡隐患点，保障水电站的安全运行，同时更好地服务于水利水电工程，防灾减灾事业，进一步推动 InSAR 技术在地质灾害隐患早期识别与监测领域的应用与发展。

5.4.1 D－InSAR 快速识别解译方法

地质灾害 D－InSAR 快速识别的思路主要是：利用 D－InSAR 技术，对研究区域大范围的地表形变信息进行提取，通过获取的 D－InSAR 干涉对中的相位信息来识别潜在的地质灾害点。以蓄水期中一组干涉对为例，如图 5.4.1 所示。

D－InSAR 技术获取的是地表的形变信息，并不等同于地质灾害点。因此，在获取了

D - InSAR 干涉相位结果之后，还应当结合其他方式，去判断与验证是否为地质灾害点。本章的思路为：由于 D - InSAR 获取的干涉结果在颜色上是以 $-\pi$ 到 π 为一个周期，所以在获取了 D - InSAR 干涉相位结果之后，在干涉图像颜色上出现跳跃突变信号的位置即初步判断为发生形变位置，然后结合光学数据，对灾害点进行解译，筛选出疑似的地质灾害点。图 5.4.2 为 D - InSAR 获取的典型形变区。

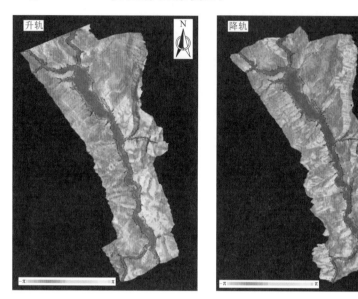

图 5.4.1　研究区升降轨干涉相位图

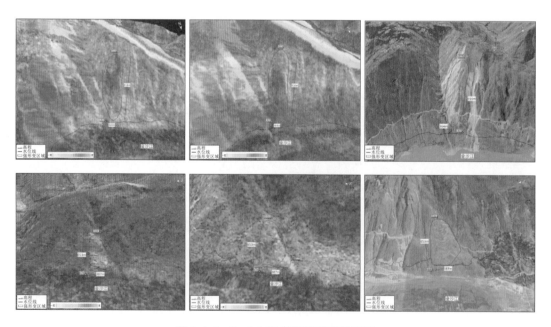

图 5.4.2　D - InSAR 获取的典型形变区

5.4.2 D-InSAR 快速识别结果

利用差分干涉 D-InSAR 技术结合多源多时相 SAR 数据对白鹤滩库区野猪塘–象鼻岭段开展蓄水期灾害隐患识别工作,依据差分干涉结果,从 2021 年 4 月 6 日开始蓄水到 2021 年 9 月 29 日两岸共识别出 92 处存在显著形变的强形变区(图 5.4.3、图 5.4.4)。

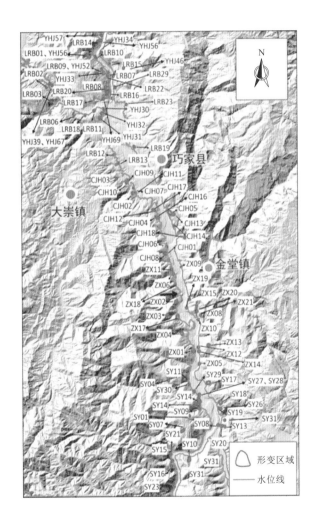

（a）隐患点分布图

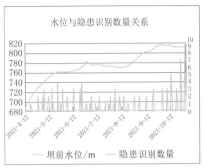

（b）水位与隐患识别数量关系图

（c）王家山蓄水前
（2021年3月26日）水位淹没情况

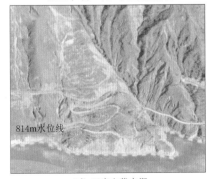

（d）王家山蓄水期
（2021年10月4日）水位淹没情况

图 5.4.3　形变区结果

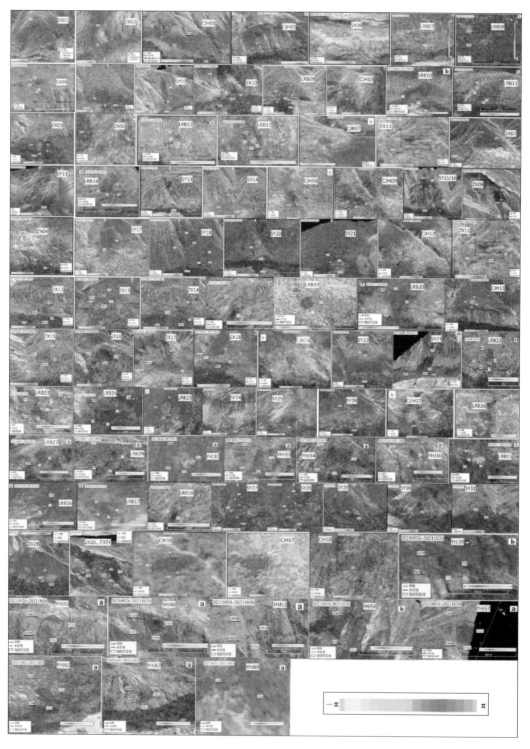

图 5.4.4　蓄水期识别强形变区细节图

共识别出 92 处存在显著形变的强形变区，均分布在金沙江两岸，其中 8 个强形变区域已被目前最高水位线 800m 淹没，39 个强形变区域位于水位线附近。

5.4.3　D‑InSAR 快速识别典型案例

通过 6 个月的持续观测，部分形变出现持续增加和规模较大等特点，而危险性也相对较高。选取大规模缓慢形变的区域进行详细分析。

云南省曲靖市会泽县娜姑镇王家山村，地理坐标东经 103°3′54″，北纬 26°31′25″，距坝址约 92.40km，呈西北朝向。所在的坡体海拔在 733～1134m 之间，高差约 401m。从干涉结果中可以看出在研究时间段内一直发生持续形变（图 5.4.5），6 月形变有所加剧，10 月形变集中在中下部。整体规模较大，临近水位，值得重点关注。

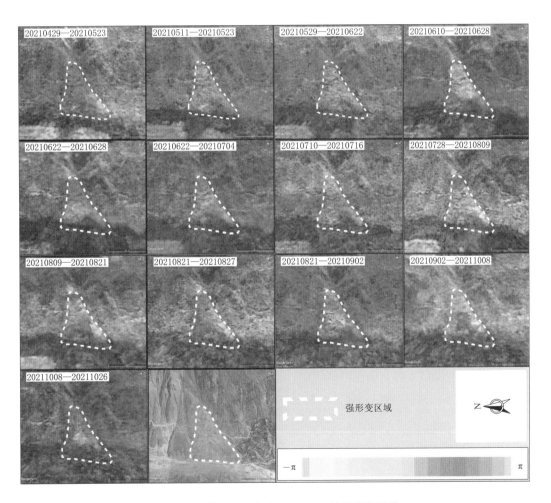

图 5.4.5　蓄水期王家山 D‑InSAR 快速识别结果

　　与实际地形地貌进行结合发现，该区域整体呈堆积体状，平面上呈近似三角形，整体呈失稳状态，坡体中上部有下滑挤压的趋势。滑坡两侧发育冲沟，沟内季节性流水，在滑坡后缘处交汇，具有典型的"双沟同源"和"圈椅状"地貌特征。在蓄水期受水位线影响较大，到 10 月底变形较为严重。坡体后缘出现横向裂缝［图 5.4.6（a）］，两侧及前缘均出现大量纵向裂缝［图 5.4.6（b）］。此外坡体上形变严重，已出现两处明显的公路断裂。前缘坡体形变严重与 DInSAR 监测结果相符，已经出现公路破损，堆

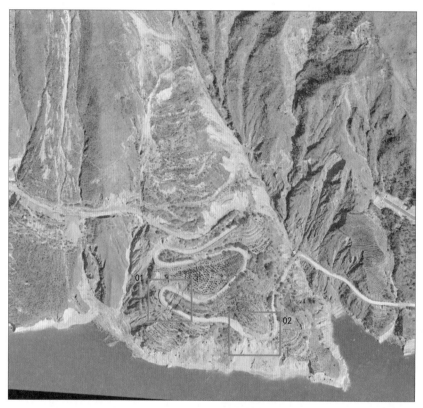

（a）王家山现场整体图

（b）局部细节图

（c）局部细节图

图 5.4.6　王家山滑坡

积体呈临空状态，下滑趋势明显［图 5.4.6（c）］。从目前形变趋势来看，坡体稳定性较差，危险性较高，整个坡体滑动可能会引起金沙江主河道堵塞，产生的涌浪对附近居民、船舶均有安全威胁。因此综合评价该处风险高，建议采取专业监测和必要的工程治理措施。

四川省凉山彝族自治州会东县黄坪乡小河口村的两处隐患点，地理坐标分别为东经 102°59′14″，北纬 26°28′35″、东经 102°59′5″，北纬 26°29′8″，在白鹤滩库区金沙江左岸。利用 D-InSAR 技术从 2021 年 4 月到 2021 年 11 月进行监测发现，该区域整体相对稳定，但受水位的影响严重，9 月初开始发生形变，到 10 月底一直持续形变（图 5.4.7），且形变逐渐加剧。到 10 月 30 日监测的干涉对中可以看出两处形变区域稳定性较差。

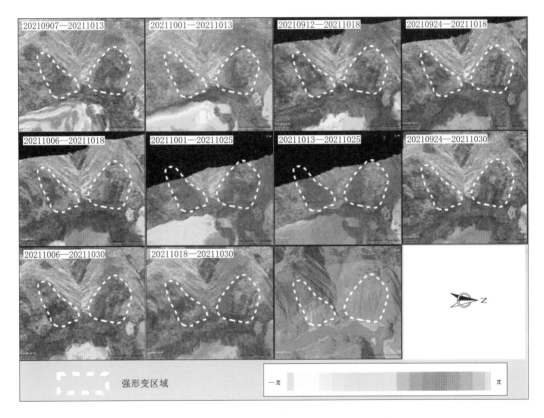

图 5.4.7　蓄水期小河口村 D-InSAR 快速识别结果

根据现场调查发现，形变迹象较为明显。该区域整体呈圈椅状地貌，边界清晰［图 5.4.8（a）］，中部、坡表冲沟和小规模滑塌发育［图 5.4.8（b）、（c）］，后缘居民房及耕地已出现明显裂缝［图 5.4.8（d）］。前缘临空条件较好且临近水位，受水位波动影响较大。随着水库蓄水期水位线的波动，滑坡体局部稳定性变差，临江和临沟部分岸坡可能失稳，滑坡可能发生较大规模滑动。

（a）现场整体图

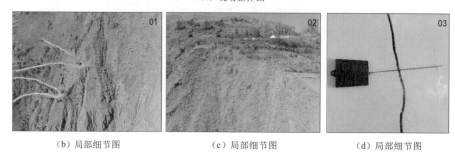

（b）局部细节图　　　　　　（c）局部细节图　　　　　　（d）局部细节图

图 5.4.8　蓄水期小河口村

第6章

基于无人机遥感的精细形变
识别分析方法

在 D-InSAR 快速识别实际岸坡形变区后，需要进一步开展现场核查工作，确认是否为地质灾害，了解地质灾害的发育特点。在高山峡谷水库区开展库岸地质灾害核查工作时，如何精细了解和评价地质灾害显得尤为重要。本章中，就无人机精细核查关键技术展开论述。具体而言，针对高山峡谷区地质灾害精细查证的需要，研究建立斜坡库岸和陡崖库岸精细航摄方法，研究无人机正射影像和三维模型的坡体变形分析方法，研究基于无人机正射影像和点云数据的裂缝自动识别提取方法，形成基于小型无人机精细智能查证关键技术。

6.1　无人机数据获取技术研究

6.1.1　库岸斜坡仿地飞行航摄技术

库区部分地区高差较大，地形因素对于无人机摄影测量的精度影响较大。库区动辄几百米的高差，如果仅能在一定的高度飞行，无论是成像质量还是重叠度都较难有保障。而飞行器如果能根据地面起伏以相对恒定的高度飞行，不仅能够保障飞行器的安全而且成像质量也会有极大提升。因此，为使在库区高差较大的区域仍能获取高精度的影像，将在库区选取一定区域开展无人机仿地飞行的技术方法及参数设置研究。本小节主要以王家山滑坡区域为例，对库岸斜坡仿地飞行航摄技术及参数设置进行研究。

6.1.1.1　仿地飞行技术概述

合适的重叠率是保证滑坡区域三维重建质量的关键因素之一，当滑坡区域影像的重叠率小到一定程度时，就会导致滑坡区域的空三建模成果失败。这种情况在滑坡区域出现较为频繁，基于这种情况，在倾斜摄影领域研究出现了仿地飞行的无人机航测方式以应对滑坡等地形落差大的区域航测问题。无人机仿地飞行原理如图 6.1.1、图 6.1.2 所示。基于仿地飞行的无人机航测方式实现滑坡体真实三维重建，其工作原理为无人机在滑坡区域倾斜摄影测量作业过程中，提前设定与已知滑坡体的地形海拔情况对应的航测高度，使得无人机飞行过程中与滑坡体表面保持恒定高差。

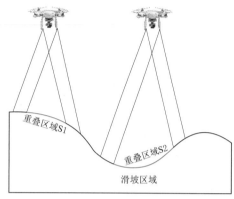

图 6.1.1　无人机常规飞行示意图　　　　图 6.1.2　无人机仿地飞行航线示意图

仿地飞行是不改变无人机的飞行路线，在纵向上依靠无人机的机动性保持无人机和地面的相对高度不变，无人机根据地形实时调整飞行高度的一种飞行技术，其优势在于飞行器能根据测区地形自动生成变高航线，保持高落差地区地面分辨率一致，从而获取更好的数据效果。

仿地飞行无人机摄影测量与传统摄影航摄的作业流程，主要区别集中在航线规划方面，航线规划设计需要已有的地形地貌数据作为航线计算支撑。无人机在作业过程中，通过设定与已知三维地形保持固定高度，使得飞机与目标地物保持恒定高差。目前，仿地飞行主要有两个实现途径：①自制数字表面模型（DSM）数据；②使用已有数字高程模型（DEM）来替代 DSM。

6.1.1.2　王家山滑坡的仿地航测试验

对王家山滑坡区域进行航测之前首先要进行无人机的飞行航线规划，其中航线规划通过遥控器内的航测软件 GS RTK App 进行控制操作，航测飞行前要导入该滑坡区域的 DSM 图形中的 .tif 文件，然后选择航测的飞行区仿地飞行的飞行界面和基于仿地飞行模式的无人机航线。

在王家山滑坡区域选择合适的无人机起飞点时，基于起飞区域要求平坦、空旷，起飞点上方无障碍物等要求，此次飞行时选择的是滑坡区域一栋楼房的空地区域，由于在滑坡区域内有高压线，为了无人机航测的安全，将航测试验时飞行作业的飞行高度设置为 80m，根据精灵 Phantom 4 RTK 在该高度下地面采样距离（GSD）＝（H/36.5）cm/pixel，可以得出地面分辨率大致在 2.19cm/pixel，能够保证飞行时拍摄的滑坡区域航测影像清晰分辨率高同时保证无人机的安全飞行。王家山滑坡的无人机采用仿地飞行摄影测量方式，无人机航向和旁向重叠率依旧分别设置为 80％ 和 80％。

同样利用无人机遥控器中的航测软件自动控制完成王家山滑坡航测区域中的整个飞行过程，王家山滑坡区域倾斜影像采集实时保存在无人机的内存卡之中。将获取的滑坡影像数据导入到三维影像后处理建模软件中进行空三建模运算，运算后即可获取王家山滑坡区域的真实三维模型。

　　将常规飞行所获取的王家山三维模型与仿地飞行获取的三维模型进行对比。从整体上看，并不能直观感受到两个数据的显著差异。但当放大至局部细节的对比时可以明显看出仿地飞行所获取模型分辨率等有了明显的提升。从滑坡体中部原有公路旁挡墙的对比可以清楚地发现，常规平飞方案获取的三维影像分辨率较低，无法清晰地辨识出细节特征，而仿地飞行技术获取的三维影像可以清楚地观察到挡墙上细小的裂缝等细节特征。而滑坡体最底部分辨率的对比则更加明显，裂缝、局部崩塌等形变特征可以更好地被识别（图6.1.3～图6.1.8）。

图 6.1.3　常规飞行三维实景模型　　　　　　　图 6.1.4　仿地飞行三维实景模型

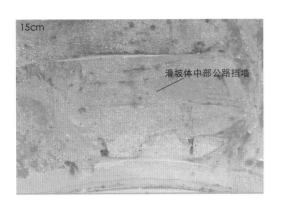 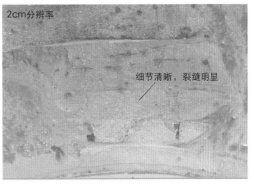

图 6.1.5　常规飞行数据中部特征　　　　　　　图 6.1.6　仿地飞行数据中部特征

　　由于库区整体面积较大，对整个库区进行仿地飞行比较费时费力。因此建议对整体研究区可采取常规的飞行计划，而对可能影响库区安全的大型滑坡、崩塌等隐患灾害形变特征进行识别、监测时，则建议采用仿地飞行技术获取滑坡体数据。研究证明对大型隐患点进行仿地飞行可以获取更精细化的三维模型。

　　利用仿地飞行技术对高风险灾害点的变形特征进行早期识别，无论是从可操作性还是实用性而言都是可行的。后期将基于仿地飞行技术获取的多期影像数据，进行多期数据的对比分析方法研究，对库区形变区域监测提供新的实用方法。

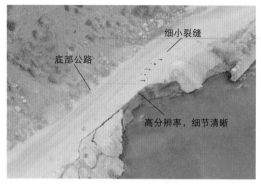

图 6.1.7　常规飞行数据底部特征　　　　图 6.1.8　仿地飞行数据底部特征

6.1.2　陡崖库岸贴近摄影测量技术

6.1.2.1　贴近摄影测量技术概述

贴近摄影测量（nap-of-the-object photogrammetry）是张祖勋院士团队针对精细化测量需求提出的全新摄影测量技术，它是精细化对地观测需求与旋翼无人机发展结合的必然产物。贴近摄影测量在概念上易与仿地飞行技术产生混淆，但其显然不同于仿地摄影测量，仿地摄影是根据 DSM 的高程改变飞行高度。这样可以部分减小不同高度影像间比例尺的差异。但仿地摄影不会因地形或地物的坡度与坡向不同而改变摄影机的"姿态"角。贴近摄影测量不是"仿地摄影"，也不能简单地等于"无人机近景摄影测量"。贴近摄影测量是面向对象的摄影测量，它以物体的"面"为摄影对象，通过贴近摄影获取超高分辨率影像，进行精细化地理信息提取（梁京涛等，2020）。研究结果表明，基于贴近摄影测量技术能够识别岩体毫米级裂缝，尤其适用于高位崩塌调查和早期识别工作。

贴近摄影测量技术流程主要遵循"由粗到精"的基本思路。首先，采用旋翼无人机针对被摄对象进行初次航摄飞行，获取被摄对象的初始地形信息；然后，根据初始地形信息进行三维航线规划，并将所规划的三维航线通过飞控软件导入旋翼无人机的飞行控制系统，以实现自动贴近飞行；最后将贴近飞行拍摄的大量图像导入半自动建模软件，经过空中三角测量计算、影像密集匹配、纹理映射等一系列流程，得到被摄对象高精度的三维实景模型。贴近摄影测量技术主要有以下特点（图 6.1.9）：①近距离摄影：可获取毫米级别的超高分辨率影像；②相机朝向物体表面：相机角度可根据物体形状动态调整，要求摄影设备具备较高的灵活性；③需要已知物体初始形状：通过常规摄影或者手控摄影的影像重建。

贴近摄影测量的实现主要基于无人机高精度定位技术以及无人机云台姿态控制能力。无人机的高精度定位主要通过无人机自身集成的 RTK 系统来完成，可实现厘米级的定位精度。本书研究使用的大疆经纬 M300 RTK 无人机，在 RTK FIX 时，水平方向精度可达 1cm＋1ppm（其中，1cm 代表固定误差，1ppm 代表比例误差，ppm 表示百万分之几），垂直方向精度可达 1.5cm＋1ppm。此外，贴近摄影技术是针对面的摄影测量，在对复杂岩体结构面进行贴近摄影时，理想状态下相机需对准摄影面进行摄影，为达到良好效果，

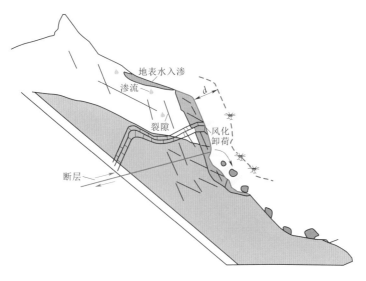

图 6.1.9　飞行轨迹规划示意图

这就需要无人机具备良好的云台姿态控制能力，使相机角度能随着摄影面的变化而灵活转动。

6.1.2.2　象鼻岭岸段贴近摄影测量试验

本次关于贴近摄影测量技术方法的研究，选取了象鼻岭重点库岸段部分区域作为研究区域（图 6.1.10）。从已有资料可知，象鼻岭地区属于陡崖段地区，岩体结构复杂、地形落差大、坡度陡，部分区域坡度几乎呈现垂直形态，崩塌危岩体十分发育。因此选择此区域进行陡崖段贴近摄影测量技术的应用研究，并且后期将基于贴近摄影测量技术获取的高精度三维影像数据进行岩体结构面提取方法研究。

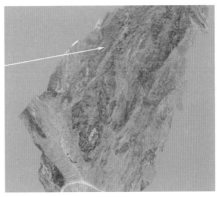

图 6.1.10　研究范围图

此次航测建模过程难度较大，借助经纬 M300 RTK（图 6.1.11）与 DJI P1（图 6.1.12）。团队最终在较短的时间内高效完成了作业，完成了象鼻岭重点库岸段危岩区的毫米级精细化测量。团队分别从航线设计、航线执飞、三维重建这几个方面对航测进行了细致的设计。

图 6.1.11 DJI 经纬 M300 RTK

图 6.1.12 DJI P1

大疆经纬 M300 支持环扫毫米波雷达避障配件。在环扫毫米波雷达的加持下，经纬 M300 RTK 将拥有更强大的避障能力，对于高压线、树枝这类细小的、视觉系统难以捕捉的障碍物，也能准确识别。在夜间飞行这类视觉无法生效的场景，毫米波雷达依然能够发挥作用，提升飞行作业安全。DJI P1 集成了 4500 万像素全画幅传感器、三轴云台，支持多款定焦镜头，配合大疆智图软件，是一个适用于大面积快速测绘的先进航测方案。

此次航飞任务整体设计分辨率为 15mm，部分区域设计分辨率为 5mm，使用第三方航线规划软件 WayPoint Master 智能规划航线。WayPoint Master 是一款针对大疆无人机倾斜摄影测量的专业级航线定制软件，为确保拍摄安全，作业团队使用大疆智图进行航线检查。航线规划完后，借助大疆智图航点飞行功能，导入粗模和规划好的航线文件进行多视角校验。大疆智图不但可以准确再现规划的航点位置，还可以依据设定好的偏航、俯仰角度，模拟航点位置锥体投射到模型上的效果，从而检查航线航点的安全性以及偏航、俯仰角度是否合理（图 6.1.13）。

（a）正视

（b）侧视

图 6.1.13 实际航线规划示意图

飞行过程中，云台按照智能化轨迹进行多角度摆动拍摄，大幅提升单镜头倾斜摄影效率。航线规划参数如图 6.1.14、图 6.1.15 所示。研究区整体设计分辨率为 15mm，飞行高度约为 120m，航向重叠率为 80%，旁向重叠率为 70%。当设计分辨率为 5mm 时，飞行高度约为 40m，航向重叠率约为 80%，旁向重叠率约为 72%。由于飞行高度较低，为保证飞行安全，需先获取初始地形，导入粗模，再进行精细化的航线规划。此次整体飞行面积约为 2km²，获取照片数量约为 14000 张，其中选取了约 0.05km² 区域危岩体发育最为明显区域进行了分辨率为 5mm 的精细化飞行。

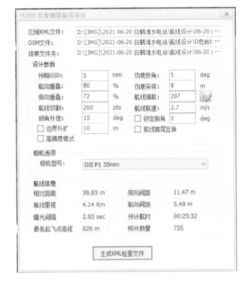

图 6.1.14　15mm 分辨率航线规划示意图　　　图 6.1.15　5mm 分辨率航线规划示意图

如图 6.1.16 所示，将利用贴近摄影测量技术获取的毫米级岩体三维影像与常规飞行获取的三维影像对比，可以十分显著显示出贴近摄影测量技术高精度、多角度精细化数据的优势。从毫米级分辨率的三维实景模型中可以看出（图 6.1.17），该危岩体发育有多组结构面，岩体结构较为破碎，裂隙发育明显，稳定性较差。本书在 6.3 小节将基于贴近摄影测量技术获取的精细化三维实景模型，对岩体结构面的识别方法进行研究。

（a）无人机航空影像（分辨率0.2m）　　　（b）贴近摄影测量影像（正视，5mm分辨率）

图 6.1.16　不同遥感数据源成像效果比较

（a）岩体结构面1   （b）岩体结构面2

图 6.1.17　精细化模型局部特征

6.2　基于多期次无人机数据的对比监测方法研究

6.2.1　正射影像的对比分析

6.2.1.1　理论概述

使用无人机摄影测量技术，可对同一测区进行两次甚至多次航拍获取正射影像图和三维模型，通过这些数据的对比分析对测区地质灾害发育情况进行定性描述以及定量监测。图 6.2.1 是高原某滑坡的滑前滑后正射影像图，左图为滑前影像，右图为滑后影像，由于

（a）滑前影像   （b）滑后影像

图 6.2.1　高原某滑坡滑前滑后正射影像图（巨袁臻，2017）

两幅影像具有同一坐标系统,因此在两幅影像的对比中,可以获得准确的滑坡边界。从前后两幅影像中同样可以定量化地测得滑坡滑动距离、滑动方向以及滑源区、堆积区范围等滑坡基本特征。在无人机摄影测量技术的基础上,对于这些基本特征的量测完全使用的是非接触式的方式。虽然本书所提案例地形条件相对较为简单,滑坡发育特征也比较典型,但毫无疑问这种对比方法在库区沿线地质灾害的多期次对比中同样适用。

图 6.2.2 为某高原边坡的裂缝发育发展情况。从图 6.2.2(a)中可知该边坡裂缝非常发育,其位置也能精确定位,图的右侧还能看到沿冲沟方向由落水洞发育。图 6.2.2(b)影像的拍摄时间比图 6.2.2(a)晚,在这个时期裂缝数量增多,宽度增大,右侧落水洞的数量和大小也不断增大。从这两期的正射影像图对比情况来看,该边坡存在变形,需要加强观测,防止地质灾害发生引起生命财产损失。图 6.2.2(c)是安装在该处边坡的裂缝计所记录累计形变量,从图中可知最大的累计位移接近 30cm,这也印证了从正射影像图中得到的变形情况。

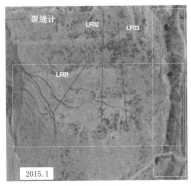

2015.1

(a)前期影像

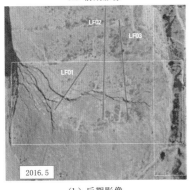

2016.5

(b)后期影像

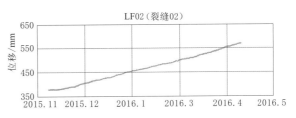

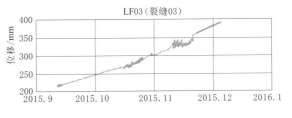

(c)裂缝计变形情况

图 6.2.2 某高原边坡裂缝发育发展(巨袁臻,2017)

进一步分析前后两期的正射影像图,还可以对滑坡发生时可能出现的滑源区范围做一个预测。在图 6.2.3 中,(a)图为滑后滑源区边界,(b)图为滑源区裂缝和土洞的发育情况。在对裂缝和土洞进行解译统计后,可以发现滑源区边界基本是沿裂缝和土洞发生的。这为滑坡的早期识别提供了一个很好的方法,将这种方法应用在库区地质灾害早期识别中必将为库区建设和营运安全提供参考。本小节将以五里坡变形体为例,阐述多期影像对比分析在库区地质灾害地表动态监测的良好适用性。

（a）滑后滑源区边界　　　　　　　　（b）滑源区裂缝和土洞的发育情况

图 6.2.3　某高原滑坡的滑源区前后正射影像图对比（巨袁臻，2017）

6.2.1.2　库区典型案例

由前述总结得出，二维光学影像的对比主要是通过无人机数据快速生成的两期数字正射模型（DOM），使用 ArcGIS 软件平台加载两期影像数字，采用人机交互的方式，通过目视解译的方法，快速对比两期影像数据，识别区域内已知灾害隐患点有无新增裂缝、崩塌等新增变形迹象。现以五里坡变形体为例，简单阐述其过程。

（1）整体对比。首先进行整体对比，将两期数字正射影像图加入 ArcGIS 软件（图6.2.4 和图 6.2.5），从 3 月 29 日、5 月 10 日两期正射影像对比中，水位上升十分明显，3 月 29 日水位线高程约为 680m，5 月 10 日时水位已上升至 748m。水位上升约 68m，5月 10 日时已淹没至五里坡变形体，推测将对已有隐患点稳定性造成一定影响。

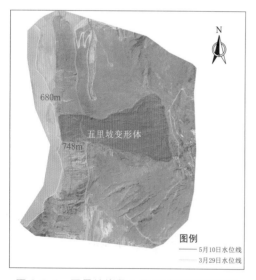 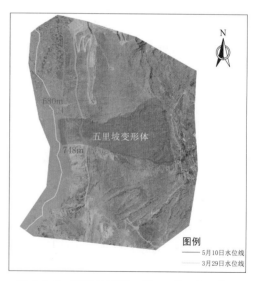

图 6.2.4　五里坡岸段 3 月 29 日正射影像图　　　　　图 6.2.5　五里坡岸段 5 月 10 日正射影像图

（2）细节对比。将两期数据使用不同窗口打开，将视域放大至可清晰辨认地表细小裂缝的程度，从南到北，从西到东，对两期影像所有区域进行目视对比，重点关注已知隐患点有无新增裂缝、崩塌等明显形变现象。同时，时刻关注岸边有无新的由蓄水引起的塌岸等形变的发生。从五里坡变形体3月29日以及5月10日的两期光学影像对比中可以看到，5月10日时，五里坡变形体前缘原本完好的公路发生明显的形变、下错的迹象（图6.2.6、图6.2.7）。原本完整的公路出现了多处裂缝，公路下错明显。从五里坡变形体前缘两期局部细节图的对比可以证实，高精度光学影像识别新发细小裂缝的方法是可行的（图6.2.8、图6.2.9）。后期将基于仿地飞行技术获取岸坡高精度的影像数据，对斜坡形变产生的裂缝进行自动提取的研究，对裂缝发育的几何特征进行定量提取分析。

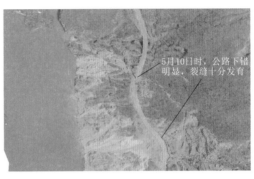

图6.2.6　前缘3月29日正射影像图　　　　　图6.2.7　前缘5月10日正射影像图

图6.2.8　前缘3月29日局部正射影像图　　　图6.2.9　前缘5月10日局部正射影像图

6.2.2　三维地质模型对比

6.2.2.1　理论概述

对同一滑坡不同时间点的遥感数据进行对比研究时，一般会通过表面位移和高程位移测量来分析滑坡的变形过程。表面位移测量既有根据地面特征使用的半自动人工识别方法，也有相对智能地对光学影像进行处理的COSI-Corr方法，COSI-Corr方法通过基于IDL集成语言的ENVI平台实现。竖直位移测量是将两期带有三维空间信息的点云或模型在水平位置对齐后进行的高程测量，通常处理的对象是DSM或者DEM，使用的软件是GIS软件和Cloud Compare软件。

由于本次研究区域相对较大，研究对象不是一个单体灾害体，而是一片区域，在保有高精度的条件下，数据量较大，因此将介绍使用 Polyworks 软件对无人机数据进行变形分析。Polyworks 是由 InnovMetric 公司出品的点云处理包软件，主要应用于工业、制造业和逆向工程等行业，通常它的处理对象来自于三维激光扫描仪。根据以往研究成果证明，将该方法运用到多期无人机地质灾害影像对比中可以达到良好的效果，对灾害体发育的特征以及体积变化的测量具有良好的可视化效果（图 6.2.10、图 6.2.11）。因此，本次研究工作将使用 Polyworks 处理多期无人机数据以获得地表变形区域。以五里坡变形体为例，详细叙述其对比过程，为库区地质灾害发育特征的监测提供可靠的对比方案。

图 6.2.10 某高原滑坡差分模型
（自然显示）（巨袁臻，2017）

图 6.2.11 某高原滑坡差分模型
（小变形显示）（巨袁臻，2017）

通过两期模型数据对比进行竖直位移测量有两个关键步骤：①将两期模型进行定位对齐配准；②在模型配准的基础上将两期高程值相减得到差分模型。本研究中所使用的多期模型数据均是在同一坐标系统下生成的，因此可以直接使用大地坐标进行配准。Polyworks 所提供的配准方法同 Cloud Compare 一样是基于 ICP 算法（Abdelmajid，2012）。ICP 算法由 Besl and McKay（1992），Chen and Medioni（1992）和 Zhang（1994）提出和发展，是一个基于最小二乘法的迭代优化算法，用于两个三维点集最优配准的刚性变换。变换矩阵有旋转参数、移动参数和比例因子，本书中的变换矩阵只有移动参数，即不会产生旋转且比例因子为 1.0。ICP 算法在实际应用中需要注意，首先需要有足够的重叠部分，在本书中即为除开变形区域以外需要足够多的相同的未变形区域；其次需要对需要配准的两期数据进行一个初始配准，通常通过人工选取一定的特征点实现，以五里坡变形体两期数据为例进行对比步骤说明。

（1）数据导入。打开 Plolyowrks 的 IMInspect 模块，将五里坡变形体 2021 年 5 月 1 日的第一期模型作为 Reference Object，2021 年 5 月 10 日的第二期模型作为 Data Object。在后面的操作中 Reference Object 将被视为固定不变的，Data Object 被认为是灵活可调整的，数据对齐的过程就是 Data Object 以一种最优的方式向 Reference Object 靠拢。注意导入模型时需要将导入选项的单位设置为米，以便同期模型在同一尺度下比较，如图 6.2.12 所示。

（a）第一期数据（Reference Object）　　　　　（b）第二期数据（Data Object）

图 6.2.12　五里坡变形体两期三角化模型数据

（2）模型配准。由于模型数据主要表示模型内部的相对关系，其自带坐标与绝对坐标间存在一个三维平移关系，这时就需要将两期数据放在同一坐标范围内进行比较。也不必将模型放回其原有绝对坐标下，只需要找出两期模型间的同名点，这样的点至少需要 3 个，以保证获得三维空间平移的基本向量。然后软件根据这些同名点进行配准计算，以达到最好的配准效果。操作中需要分屏显示数据，手动选取点对。选择 Align—Split View 命令，将 Reference Object 和 Data Object 分开为两个视角显示；选择 Align—Point Pairs 命令，选择多点对选项，对两个模型中不变的同一点进行手动选择。对齐质量随着点对数量的增加而提高，点对数量至少需要 3 对，最好是 5 对以上。然后选择 Align—Best - fit—Data to Reference Object 命令，出现参数设置对话框。其中最为重要的参数为 Max distance，它表示当 Data Points 向 Reference Surface 对齐时的最大搜索范围（图 6.2.13）。

图 6.2.13　两期模型配准

（3）差分模型。在两期模型配准后，根据两期模型在高程方向的差值生成差分模型，差分模型以不同的色带表示不同的变形。操作中使用 Measure—Deviations of Data Ob-jects—From Reference Object surfaces 命令对它们的高程进行差值计算生成差分模型，并在模型上以色谱图的方式显示计算结果（图 6.2.14）。结果如图，可见五里坡变形体前缘路面下错明显，下错高度最大约 5m，变形体右侧局部可见明显塌岸。

图 6.2.14　生成差分模型

6.2.2.2　案例应用

前述已证明基于无人机摄影测量技术的多期影像数据对比监测方法在对重点滑坡单体的监测上具有良好的效果。本小节以野猪塘岸段为例，将无人机摄影测量技术的多期影像数据对比监测方法在大面积岸段形变监测中的应用进行总结。此次研究分别于 3 月 19 日、4 月 10 日、4 月 24 日以及 11 月 4 日对野猪塘岸段约 24.93km² 进行了无人机多期次的飞行，并获取了测区平均分辨率优于 15cm 的数字正射影像图（DOM）、数字表面模型（DSM）、三维实景模型（OSGB）以及无人机三维点云等数据。并将多影像数据、三维模型进行对比，对比结果如下：

（1）二维正射影像对比。从两期正射影像图上可明显看出水位的上升，3 月 19 日时水位高度约为 660m，4 月 24 日水位线高程约为 730m，4 月 10—24 日期间水位上升约 50m。从正射影像上可以明显看出水位的上升，4 月 10 日时原葫芦口大桥及其以北公路尚未被淹没，而在 4 月 24 日已完全被淹没在水位线之下（图 6.2.15、图 6.2.16）。此时，暂未发现该岸段隐患点有明显的形变现象。而到 11 月 4 日时（图 6.2.17），水位已上升至 812m，坟坪子滑坡，以及野猪塘 4 号堆积体已被淹没，在野猪塘崩塌左侧隧道口发现一处明显塌岸，经现场复核发现该塌岸已严重影响到隧道的安全稳定，据地质组现场复核结果显示，将该点定为大弯子滑坡。后期应持续对该岸段相同工况地区进行监测，以防同类型塌岸发生而影响新建公路的平稳运行。

如图 6.2.18～图 6.2.22 所示，从 11 月 4 日野猪塘岸段正射影像图中可以清晰地看到，除了已发现的影响较大的大弯子滑坡外，还可以清晰地识别出 4 处明显的塌岸。随着水位的持续变动，塌岸有可能进一步扩大，需密切关注其变化。

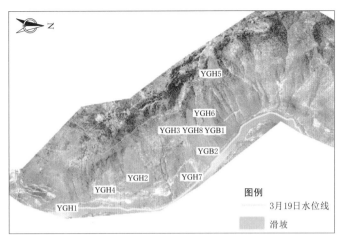

图 6.2.15　野猪塘岸段 3 月 19 日正射影像图

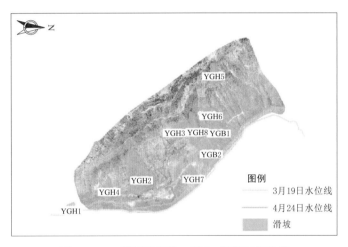

图 6.2.16　野猪塘岸段 4 月 24 日正射影像图

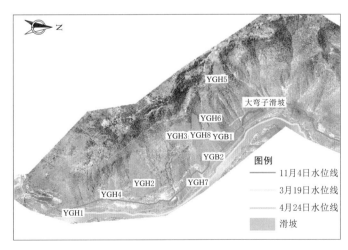

图 6.2.17　野猪塘岸段 11 月 4 日正射影像图

图 6.2.18　大弯子滑坡 11 月 4 日正射影像图

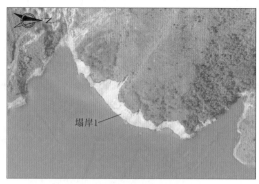

图 6.2.19　塌岸 1 正射影像图

图 6.2.20　塌岸 2 正射影像图

图 6.2.21　塌岸 3 正射影像图

图 6.2.22　塌岸 4 正射影像图

（2）三维地质模型对比分析。由二维影像的对比可知，4 月时并未发现野猪塘岸段发生明显的形变，而到 11 月时，随着水位的持续变动，该岸段发生了十分明显的塌岸，利用 Polyworks 软件对比 4 月 27 日与 11 月 4 日两期三维地质模型，可明显看出其形变运动的趋势。整体对比结果如图 6.2.23 所示，从差分结果图上可见大弯子滑坡发生明显的下滑，后缘下滑约 3m，局部垮塌最大可达 20.8m。如图 6.2.24 所示，利用三维实景模型也可以明显识别出该塌岸的发生。

如图 6.2.25～图 6.2.30 所示，大弯子滑坡目前水位以上可见部分高差最大约 200m，最宽约 546m，面积约为 75239.7m²。但经两期三维实景模型的对比可知，该滑坡实际高差可达 500m，最宽处约 710m，经测量该滑坡面积约为 237502.9m²。假设该滑坡平均厚度为 15m，则其滑坡体积约为 3562543.5m³，其实际体积方量已超过 100 万 m³，按照滑坡体积大小的等级划分，其规模已达到大型滑坡，远比水面上可见部分要大得多。

图 6.2.23　野猪塘岸段整体对比结果

图 6.2.24　野猪塘岸段三维实景模型

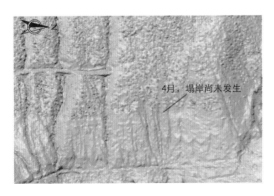

图 6.2.25　大弯子滑坡 4 月三角化模型

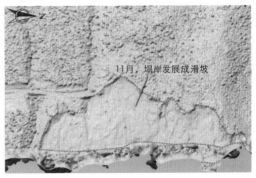

图 6.2.26　大弯子滑坡 11 月三角化模型

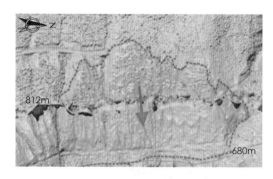

图 6.2.27 大弯子两期数据配准

图 6.2.28 大弯子两期数据差分结果

图 6.2.29 大弯子 11 月三维实景模型

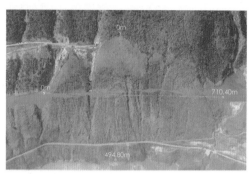

图 6.2.30 大弯子三维实景模型对比图

　　除了大弯子滑坡之外，从该岸段整体的差分结果图中还可识别出两处明显塌岸，即塌岸 1 与塌岸 2（图 6.2.31～图 6.2.34）。其结果与二维光学影像的识别结果保持一致，因为塌岸 3、塌岸 4 位于右岸，4 月航飞范围未涵盖塌岸 3 与塌岸 4，因此差分结果未能显示出此两处塌岸的发展。

　　尽管所识别塌岸水面出露规模较小，但由前述可知，与大弯子滑坡规模计算同理，两处小规模塌岸实际上有很大一部分位于水面之下，其实际规模要比目前水面所见范围要大得多。因此，对于小范围的库区塌岸亦要密切关注其变化。特别是在水位大幅度升降时，有可能使形变进一步加剧，造成大型滑坡的发生，影响库区新建道路等工程的安全运行，造成库区人民出行不便，甚至危及库区人民的生命安全。

图 6.2.31 塌岸 1 差分结果图

图 6.2.32 塌岸 1 三维实景模型对比图

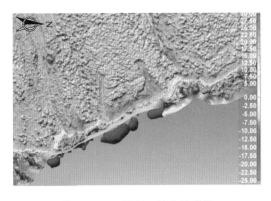 

图 6.2.33　塌岸 2 差分结果图　　　　图 6.2.34　塌岸 2 三维实景模型对比图

6.3　基于无人机数据的地表裂缝自动识别与分析技术

岸坡在整体失稳之前，一般要经历一个较长的变形发展演化过程，受不同类型的应力作用，地表会产生不同的裂缝分期配套特性（许强等，2008），如图 6.3.1 所示，因此地表裂缝可作为岸坡变形的主要特征之一，其能够为蓄水期水库滑坡早期识别等提供有力的信息支撑。

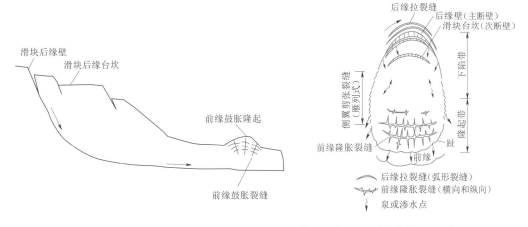

图 6.3.1　推移式滑坡地表裂缝的分期配套体系及剖面图（许强等，2008）

岸坡前缘临江且可能会出现强烈的变形，传统的人工现场排查方法在蓄水期岸坡中难以实现大规模的地表裂缝准确排查与精细化测量。近年来，无人机、InSAR 合成孔径雷达、LiDAR 激光雷达等遥感新技术快速发展，其具有操作便捷、高效率、高准确率的数据采集优点，能够快速获得目标范围内的高分辨率光学影像和三维空间信息，使得该技术在社会各领域内都得到了日益增长的重视和应用。通过低空遥感摄影测量技术获得的正射影像图（DOM）、三维点云（point cloud）、数字表面模型（DSM）等多源遥感数据成果来识别地表变形裂缝和圈定灾害范围也逐渐成为专家学者们研究的热点。

目前，基于多源遥感数据的地表裂缝识别和信息采集主要还是依靠人工遥感解译和现场采集测量数据，然而裂缝分布广泛、细长多支干、噪点背景复杂，使得人工解译仍存在一定的误差性与低效率性，难以满足库岸水库滑坡的早期识别工作，因此进行地表裂缝的自动化提取与信息采集是十分重要的。

6.3.1 精细形变识别实施流程

无人机航测系统主要由空中部分、地面控制和数据后处理部分等 3 部分组成（郭晨等，2020）。其中空中部分包括飞行平台、飞行控制系统及 GPS 系统；地面控制包括航线规划、无人机地面控制及数据显示系统；数据后处理部分包括数据预处理及相应数据图件制作。具体航拍数据处理流程如图 6.3.2 所示，通过获得携带 POS 信息和相机参数的原始影像图片，首先对影像完成连接点的区域整体平差处理，其次利用多视角影像密集匹配技术生成地面三维点云数据（points），然后通过点云数据构建三维 TIN 格网生成数字表面模型（DSM），最后对三维模型进行自动纹理映射生成调查区域的正射影像图（DOM）以及三维实景模型。

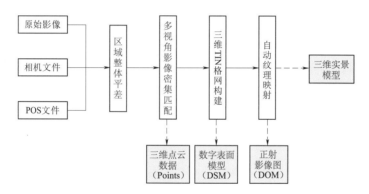

图 6.3.2 无人机数字摄影测量技术数据处理流程图

以蓄水期水库滑坡发生概率极高区（五里坡）为例，通过飞马无人机 D200 旋翼无人机仿地飞行获得的正射影像图和三维点云成果作为数据源，在完成预处理后，首先，对大变形类地表裂缝采用特征值比率分割、坡度分割、标准差分割 3 种点云裂缝识别方法；对小变形地表裂缝采用灰度阈值分割、边缘检测、监督分类 3 种图像裂缝识别方法，完成初步的裂缝自动提取。其次，采用形态学方法修复了提取的裂缝数据，同时结合裂缝的分布特性，采用方向、频数、长度 3 种滤波方法完成了裂缝的噪点滤波。最后，对识别出的裂缝区域通过裂缝骨架提取、裂缝轮廓识别提取等手段完成了地表裂缝的数量、长度、宽度、方向、裂纹密度等信息的自动化提取与分析。基于无人机的精细形变识别流程图如图 6.3.3 所示。

五里坡整体范围长约 300m，宽约 330m，面积约为 $7\times10^4\,\mathrm{m}^2$，因为本次数据主要针对各类变形裂缝的自动识别，因此需要采集遥感数据的范围较小、但精度较高，因此采用无人机仿地飞行作业方式。考虑到旋翼机型需要的起降场地平台面积较小，飞机飞行轨迹可根据操控手的操控实时改变、可悬停、多角度拍摄影像数据，更适用于

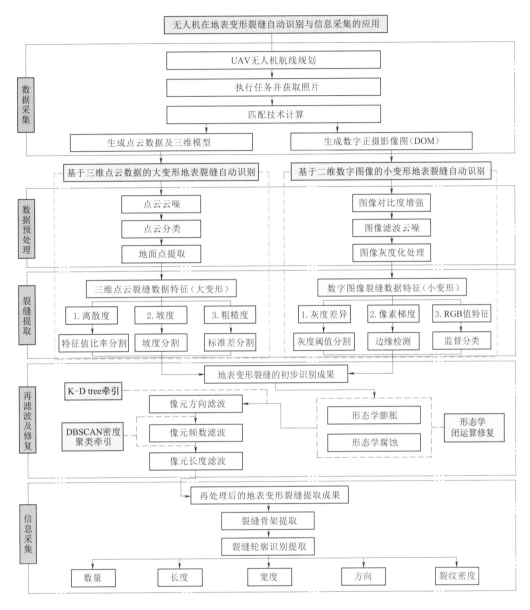

图 6.3.3 基于无人机的精细形变识别流程图

本次的野外采集工作，因而本次工作选用多旋翼无人机进行野外工作，航拍平均地面分辨率约 1.5cm，航带间重叠率 80%，航向重叠率 85%，航拍高度 80m，共 13 条航线，飞行距离共计 3.9km，航拍面积约 0.07km²，共获取航拍照片 870 张，航线规划如图 6.3.4 所示。

本次数据采集于 2021 年 5 月 14 日，通过无控空三加密、影像密集匹配生成了五里坡作业区域内三维点云数据（密度约为 205 个/m²），如图 6.3.5 所示。其次通过 TIN 网格构建、自动纹理映射生成了分辨率为 3.3cm 的五里坡正射影像图数据，如图 6.3.6 所示。

图 6.3.4 飞马 D200 旋翼无人机数据采集航行路线（五里坡）

图 6.3.5 五里坡滑坡点云数据

图 6.3.6 五里坡滑坡正射影像图

6.3.2　基于图像的裂缝识别

6.3.2.1　灰度差异特征提取

受光照影响，当光照束照射至裂缝区域时，由于其下错地形条件，光束无法穿过而形成黑色阴影，因此裂缝在二维图像中常常以偏黑色的像素存在，基于此特点采用经过灰度化处理后的二值图像，经过一定的灰度值阈值分割，就能够达到裂缝提取的目的，如图 6.3.7 所示。

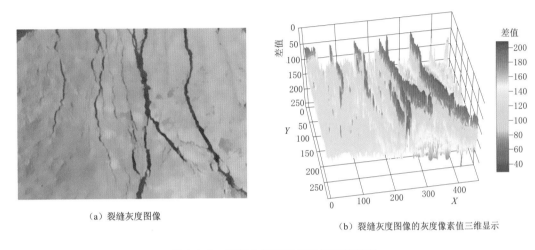

（a）裂缝灰度图像　　　　　　　　　（b）裂缝灰度图像的灰度像素值三维显示

图 6.3.7　裂缝与非裂缝背景灰度值差异

受光照阴影的影像裂缝图像灰度值一般在 10～75 之间，因此采用 75 像素灰度值作为阈值进行裂缝提取分割，并通过形态学修复及再滤波后结果显示如图 6.3.8 所示。

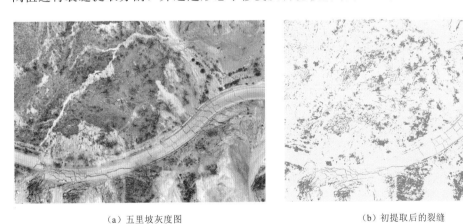

（a）五里坡灰度图　　　　　　　　　　（b）初提取后的裂缝

图 6.3.8　灰度分割裂缝提取结果

6.3.2.2　像素梯度特征提取

边缘是指物体表面灰度值发生剧变的位置，在人眼中观察，即为有一定延伸方向且与周围颜色产生明显区分的那部分图形颜色。然而二维图像中有些看似边缘的位置（灰度发生剧变）并不是物体的边界，如山体中的光照阴影部分、同一物体中存在不同的颜色部位，这样的结果往往使边缘的识别产生大量的误差和噪声，如何有效地识别物体边缘和区分不良噪声就成为了人们遇到的难题，因此基于边缘图像的检测问题就成为了各学者的研究热点，各类边缘检测算子应运而生。

本书采用 Sobel 边缘检测算子来进行地表裂缝提取，Sobel 算子也是一阶导数算子，该算子的主要原理是通过计算图像的灰度大小近似值，根据图像边缘的灰度大小差异，通过相应的阈值判断相应的像素是否标记为边缘。Sobel 算子是通过将局部窗口中相邻灰度点进行加权作差，使得在边缘处出现极值的一种边缘提取的方法，因为 Sobel 算子结合了高斯平滑和微分求导，能够精确地提供边缘信息，同时结果会具有更多的抗噪性。

Sobel 算子具有水平方向和垂直方向两个卷积内核，而且大小为 3×3。因此 Sobel 算子的边缘定位更准确。如式（6.3.1）～式（6.3.4）所示，由 Sobel 算子的应用公式和模块可知，由于选择的局部范围更大，其在水平和垂直方向的过滤程度要比 Sobel 更好，能体现更多的边缘细节。

$$d_x = \begin{bmatrix} -1 & 0 & 1 \\ -2 & 0 & 2 \\ -1 & 0 & 1 \end{bmatrix}, \quad d_y = \begin{bmatrix} -1 & -2 & -1 \\ 0 & 0 & 0 \\ 1 & 2 & 1 \end{bmatrix} \tag{6.3.1}$$

$$g_x = \frac{\partial f}{\partial x} = (P7 + 2P8 + P9) - (P1 + 2P2 + P3) \tag{6.3.2}$$

$$g_y = \frac{\partial f}{\partial x} = (P3 + 2P6 + P9) - (P1 + 2P2 + P7) \tag{6.3.3}$$

$$\nabla f = \sqrt{g_x^2 + g_y^2} \tag{6.3.4}$$

式中：d_x、d_y 为水平和垂直方向两个卷积内核；g_x 为水平方向变化梯度；g_y 为垂直方向变化梯度；∇f 为 Sobel 算子计算得出的像素梯度变化大小值（本书提取裂缝的指标）。

一般裂缝边缘的一阶梯度分布区间大于 120，因此本研究区也采用 120 的像素一阶梯度值作为阈值进行裂缝提取分割，并通过形态学修复及再滤波后结果显示如图 6.3.9 所示。

6.3.2.3 RGB 值特征提取

RGB 值提取裂缝思路与灰度阈值分割类似，均是以裂缝像素值的特征来完成裂缝分割，但 RGB 值能够考虑包含更多的图像信息特征，能够更好地区分裂缝与非裂缝背景。本书采用极大似然法的监督机器学习方法来完成裂缝图像的分类，极大似然估计是建立在极大似然原理基础上的一个统计方法，是概率论在统计学中的应用。极大似然估计提供了一种给定观察数据来评估模型参数的方法，即"模型已定，参数未知"。通过若干次试验，观察其结果，利用试验结果得到某个参数值能够使样本出现的概率为最大，则称为极大似然估计。如图 6.3.10 所示，通过 ArcGIS 中机器学习工具箱对一处裂缝及其周边图像进行了极大似然法的监督分类，结果能够很好地区分裂缝与噪声背景。

（a）五里坡灰度影像图

（b）初提取后的裂缝

图 6.3.9　像素梯度差异分割裂缝提取结果

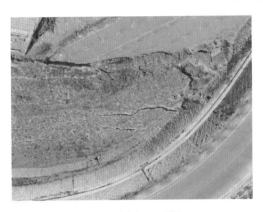

（a）裂缝彩色RGB原图

（b）分类结果

图 6.3.10　基于极大似然法的监督机器学习分类

　　基于 ArcGIS 平台的极大似然法工具箱，针对五里坡影像特征，将图像像素类别分为 8 类，经过极大似然法分类后的结果再进行裂缝提取，然后通过形态学修复及再滤波后结果显示如图 6.3.11 所示。

（a）五里坡RGB影像图

（b）图像分类后结果

图 6.3.11　像素梯度差异分割裂缝提取结果

6.3.3 基于三维点云的地表裂缝识别方法

众所周知 K-D 树数据结构由于其多维的空间分割方法，被广泛用于多维空间关键数据的近邻查找和近似最近邻查找，因此研究选用 K-D 树组织点云（X，Y，Z）坐标信息，用 K-D 树最邻近算法从查询点开始在指定搜索半径收集点云数据，实现裂缝指标数据的生成，并设置一定的阈值完成裂缝的提取工作。

6.3.3.1 基于点云差分技术的形变分析方法

在实际工程中，采集的点云数据往往含有直线影响裂缝提取精度的噪声数据。例如，较低粗糙度的土壤层或岩石结构表面平滑的岩石会导致激光扫描产生反射和扩散现象，从而产生噪音数据。此外，航空器飞行过程中产生的晃动、视线干扰等原因会导致采集数据产生无关噪音。因此，在对点云数据处理前，需要通过滤波来去除噪声。去除孤立点噪声后，还需要区分点云的各种类型，如建筑物点、低植被点、高植被点等。目的是能够区分提取出的裂缝是否来自于岩土体表面而并非建筑物边缘、植物树干等错误结果，以提高裂缝提取的准确度，同时也可以减少无关点云数量，减少计算量使模型效果更好。

本次点云预处理流程主要为：点云去噪—点云分类—地面点（包括未分类点）提取。运用"无人机管家"智点云模块，采用其提供的自动点云滤波算法、植被提取及建筑滤波分类算法即可完成上述流程。处理后的五里坡点云如图 6.3.12 所示。

 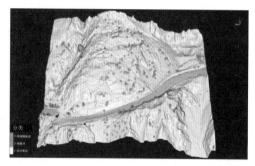

（a）原始点云（五里坡范围） （b）分类后点云（五里坡范围）

图 6.3.12 五里坡滑坡-点云预处理结果

6.3.3.2 离散度指标提取

裂缝在空间分布上呈局部下错趋势，相应点云在平坦坡面上会呈现出下陷内凹，因此地表裂缝在空间上呈现明显的方向性，离散度是能够描述点云集合中是否具有方向性的一个指标。其方法是利用 PCA 主成分分析来确定指定点云局部邻域所有点的 3 个主方向向量的特征值大小比率，特征向量在确定点云邻域内几何方向性上是非常有效的，如果裂缝具有很强的方向性则特征值 λ_1（最大特征值）要远大于 λ_2、λ_3，相反 λ_2、λ_3 近于 0，其比值更接近于 1，如图 6.3.13 所示，PCA 主成分分析原理是通过线性变换将原始数据坐标变换为一维或多维的新坐标系，新的坐标能够通过更少维度来描述其空间特征。

本次获取点云离散度的具体算法步骤如下：

①定义一个本地邻域（Pn）来封装最靠近查询点的 n 个点；

②根据点 Pn 与质心 Pc 的离差形成协方差矩阵 $\boldsymbol{COV}_{3\times 3}$，如式（6.3.5）所示：

$$\boldsymbol{COV}_{3\times 3} = \frac{1}{n}\sum_{i=1}^{n}\left(\begin{bmatrix} P_{iX} \\ P_{iY} \\ P_{iZ} \end{bmatrix} - \begin{bmatrix} \overline{P_{cX}} \\ \overline{P_{cY}} \\ \overline{P_{cZ}} \end{bmatrix}\right) \times \left(\begin{bmatrix} P_{iX} \\ P_{iY} \\ P_{iZ} \end{bmatrix} - \begin{bmatrix} \overline{P_{cX}} \\ \overline{P_{cY}} \\ \overline{P_{cZ}} \end{bmatrix}\right)^{\mathrm{T}} \tag{6.3.5}$$

③求出协方差矩阵 $\boldsymbol{COV}_{3\times 3}$ 的特征值与特征向量，得到特征值（λ_1，λ_2，λ_3）与特征向量（$\vec{e_1}\ \vec{e_2}\ \vec{e_3}$）后按特征值从大到小排列，上述可以表示为式（6.3.6）：

$$COV_{3\times 3} = \boldsymbol{W}\Lambda\boldsymbol{W}^{\mathrm{T}}$$

$$= \begin{bmatrix} \vec{e_1} & \vec{e_2} & \vec{e_3} \end{bmatrix} \begin{bmatrix} \lambda_1 & 0 & 0 \\ 0 & \lambda_2 & 0 \\ 0 & 0 & \lambda_3 \end{bmatrix} \begin{bmatrix} \vec{e_1}^{\mathrm{T}} \\ \vec{e_2}^{\mathrm{T}} \\ \vec{e_3}^{\mathrm{T}} \end{bmatrix}$$

$$(6.3.6)$$

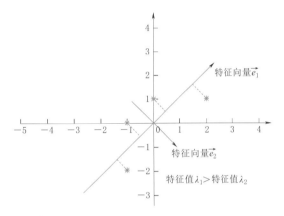

图 6.3.13　PCA 主成分分析原理示意图

式中：$\boldsymbol{W}$ 表示特征向量；Λ 表示特征值。

获取查询目标点云的离散度 d_i，如式（6.3.7）所示：

$$d_i = \frac{\lambda_3}{\lambda_2} \tag{6.3.7}$$

通过生成的点云离散度 d_i，采用适当的阈值进行分割，提取裂缝点云。

为了更好地凸显地形的粗糙度变化应该选用较小的 K-D 树搜索半径，但又要考虑到过小的半径会增加对孤立石块、枯木树枝等噪声的过敏感性，因此本书采用 1m 的搜索半径来确定点云离散度指标，结果如图 6.3.14 所示。为了将提取结果与二维图像成果

（a）点云原始图像

（b）离散度指标显示点云强度

图 6.3.14　点云离散度显示效果

融合，将点云离散度值转化为与正射图像像元值大小相同的栅格数据。对提取的特征进行过滤，仅将 λ_1/λ_2 特征值比大于 0.6 的区域选为候选拐点，如图 6.3.14（b）所示。滑坡后缘裂缝一部分被识别并提取出。但侧缘也仍含有大量的噪点，一类是由于滑坡堆积物边缘也会被识别为裂缝图像，另一类就是未滤波完全的低矮植被点等具有高方向性的目标物也会被识别为裂缝图像。提取裂缝经过形态修复及再滤波后结果显示如图 6.3.15 所示，结果表明基于离散度的裂缝提取一定程度上能够提取出部分裂缝，但总体来说准确度不高。

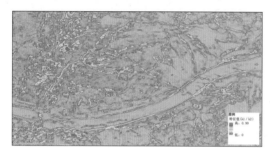

（a）离散度指标的栅格显示   （b）初提取后的裂缝

图 6.3.15　点云离散度提取裂缝结果

6.3.3.3　坡度指标提取

研究的重点是利用点云邻域集合中拟合平面的坡度大小，这是分析边坡稳定性的一个关键参数。因为坡度直接影响灾害发生的概率，所以本研究特别关注通过监测坡度变化来提取地表裂缝的方法。这种方法不仅对地表裂缝的提取有效，也对识别和提取其他需求陡坡信息的工作有很大帮助。当两个连续的陡坡之间的坡度突然发生变化时，以及随着陡坡的发展，陡坡与周围环境的区别越来越明显。通过 PCA 主成分分析计算出的每个点的最小特征值 λ_3 以及相应的特征向量 $\vec{e_3}$ 能够有效地进行这种计算，其主要原理示意如图 6.3.16 所示。

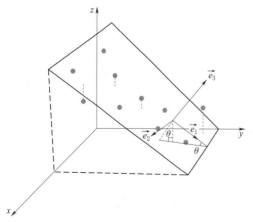

图 6.3.16　主成分分析特征向量
拟合平面坡度示意图

$$|\theta| = \tan^{-1} \frac{N_z}{\sqrt{N_x^2 + N_y^2}} \frac{180}{\pi} \qquad (6.3.8)$$

式中：θ 为倾斜角；N_x、N_y 和 N_z 分别为最小特征值向量 $\vec{e_3}$ 关于 x 轴、y 轴、z 轴的分量。

在基于坡度的裂缝提取方案中，为了提高对细小裂缝的敏感性，采用了较小的搜索半径进行邻域坡度采集。具体而言，使用 0.5m 作为 K－D 树邻近点搜索的搜索半径，这样既能提高对细小裂缝的识别能力，又能防止因半径过小而错误地将灌木植被、树状等非裂缝目标识别为裂缝。提取的裂缝结果如图 6.3.17 所示。在调查区域中，坡体的坡度分布在 0°～90°之间。坡度计算结果显示，相比于地球表面的突变，活动陡坡的坡度高达 500m，并在一定程度上形成了镂空区。点云裂缝检测采用的坡度方法基于以下假设：在两个连续的陡坡之间，坡度的突变很明显，并且随着陡坡的发展，它们与周围环境的区别变得更加明显，从而可以将地面对象分为裂缝或非裂缝类别。在本研究的坡度分布分析中，当平均坡度值高于 45°时，裂缝陡坡的分类更为明显，这主要是因为大部分坡度不稳定性发生在这个内摩擦角范围内。坡度图像分析也显示，裂缝特征通常明显出现在坡度大于 45°的区域。因此，本书选用 45°作为提取裂缝点云的阈值。经过形态修复和再滤波处理后，裂缝提取的结果如图 6.3.18 所示。

（a）点云原始图像　　　　　　　　　　（b）坡度指标显示点云强度

图 6.3.17　点云坡度显示效果

（a）坡度指标的栅格显示　　　　　　　　（b）初提取后的裂缝

图 6.3.18　点云坡度提取裂缝结果

6.3.3.4　粗糙度指标提取

表面的粗糙度可以定义为地形表面的不规则性。表面粗糙度指数仍然是基于 K－D 树邻近点搜索范围内拟合的高程模型表面之间的偏差计算得出的。大多数裂缝的表面在几米的局部尺度上比相邻的稳定斜坡更粗糙，后者相对较光滑。特别是在新产生的裂缝中，未受过扰动滑坡区域和当地地形之间的表面粗糙度存在着明显差异。因此可以利用此特征来检测点云中的地表裂缝，如图 6.3.19 所示，裂缝附近地形的表面粗糙度比稳定的地形具有更高的地形变异性。本研究采用公式计算局部点云的 Z 值标准差，以此来表示裂缝附近地形的粗糙程度 r。

$$r = \sqrt{\frac{\sum (Z - \overline{Z})^2}{n-1}} \tag{6.3.9}$$

式中：r 为粗糙度指数；$\overline{Z}$ 为 K-D 树邻近搜索范围内所有点的平均高度；n 为 K-D 树邻近搜索范围内所有点的数量。

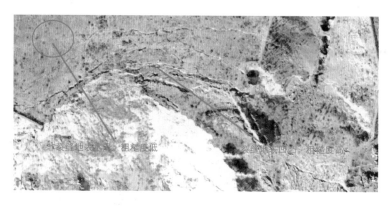

图 6.3.19 裂缝与非裂缝地形粗糙度对比

在本研究中，采用了 1m 的搜索半径来确定点云粗糙度指标，类似于之前对离散度的处理方式。提取结果如图 6.3.20 所示。为了将这些结果与二维图像成果结合，将点云粗糙度值转换为与正射图像像素值大小相同的栅格数据格式。结果表明，地表裂缝表面的粗糙度通常高于稳定地形的表面粗糙度，这主要是由于斜坡力学作用、表面变形和物质沉降的影响。粗糙度的变化范围为 5~14cm，尤其在活动滑坡陡坡附近或较高的陡坡地区，粗糙度会更加显著。而覆盖平坦表面和稳定区域的地形表面粗糙度通常在 5cm 的最大范围内。从图 6.3.20（b）上来看裂缝附近的粗糙度强度均在 0.35 以上，并且与周围地形相差较大，因此采用了粗糙度强度为 0.35 的阈值来提取地表裂缝特征，提取裂缝经过形态修复及再滤波后结果显示如图 6.3.21 所示。

（a）点云原始图像 （b）粗糙度指标显示点云强度

图 6.3.20 点云粗糙度显示效果

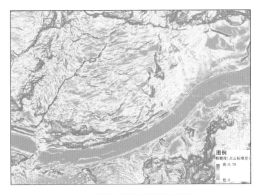

（a）粗糙度指标的栅格显示　　　　　　　　　　　（b）初提取后的裂缝

图 6.3.21　点云粗糙度提取裂缝结果

6.3.4　多源裂缝提取成果的再处理与融合

经过初步提取的裂缝图像仍然存在部分噪点，主要是由于地表裂缝背景图中存在的孤石、树干、人类工程建筑等杂音噪点与裂缝图像相似度较高且分布密集。另外在提取过程中难免会滤除掉少部分真实裂缝数据，因此针对上述问题，本文研究运用了形态学闭运算修复部分滤除的真实裂缝数据，并针对裂缝独有的形态特征提出了基于裂缝像元的方向性、多频数、连续性较强的再滤波算法，能够有效地滤除掉裂缝区域外的多余杂音而保留裂缝的真实像元。

6.3.4.1　形态学闭运算修复

将三维点云和二维图像提取后的裂缝生成 0 或 1（0 代表非裂缝背景，1 代表裂缝像元）的二值化栅格图层并进行再处理。初步提取的裂缝栅格中部会存在小部分真实裂缝值被滤除，为了更好地保证裂缝的完整性和方便后续的信息测量，本研究采用了 OpenCV - Python 开源库中的形态学闭运算像元修复方法，其针对已经提取出的裂缝二值栅格采用先膨胀再腐蚀的方法，能够有效地填平前景物体内的小裂缝，而总的位置和形状不变，裂缝修复效果如图 6.3.22 所示。

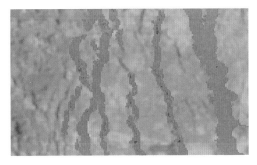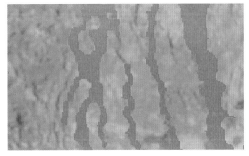

（a）形态学修复前　　　　　　　　　　　　　（b）形态学修复后

图 6.3.22　形态学闭运算处理修复裂缝二值图像

6.3.4.2　裂缝像元再滤波

对于修复后的裂缝二值图像仍然含有噪点背景的栅格数据很难通过均值滤波去除噪点，且过度的频数滤波方式会造成细小裂缝的失真，从而使得滤波的准确度降低。本研究从栅格中裂缝像元的特征出发，针对其具有方向性、多频数、连续性较强的特点，采用了方向滤波—频数滤波—长度滤波的再滤波处理流程，其主要处理步骤如下：

（1）方向滤波。仍然采用 K－D 树的索引方式，以每一个提取裂缝像素点为圆心，以固定半径 r 搜索圆形内所有裂缝像元，以通过计算 PCA 主成分分析产生的特征值比率 λ_2/λ_1 作为滤波指标，设定小于 0.6 的滤波阈值进行再滤波，去除不具有较强方向性的像元点。如图 6.3.23 所示。

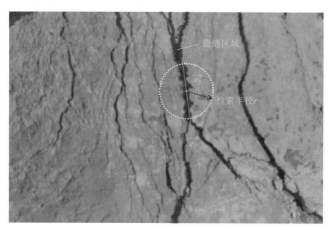

图 6.3.23　裂缝方向性滤波示意图

（2）频数和长度滤波。采用 DBSCAN 的密度聚类算法，其原理是统计固定半径内存在的搜索单元数量来区分搜索单元是否属于同一种类别，是目前较为常用的聚类方法。在本研究中使用 1 个像素值的距离来进行密度聚类，将所有裂缝的二值像元分类成密集紧靠的多条裂缝，以每条裂缝作为索引单元，统计每条裂缝的像元频数和最小外接矩形对角线长度，作为频数和长度的滤波指标，根据裂缝分布特点设置一定的阈值进行二次滤波，这种通过 DBSCAN 的聚类索引方式将贴合的裂缝像元进行整体分析，能够很好地避免微小裂缝末端被滤除的风险，解决了均值滤波等滤波方式以固定卷积核大小为窗口的滤波方法弊端。滤波方式如图 6.3.24 所示。

图 6.3.24　DBSCAN 聚类后的裂缝图像及滤波方式

　　通过以上提出的形态学修复及像元二次滤波算法，对裂缝的三维点云及图像进行二次处理，最终得到各类方法提取五里坡裂缝结果如图6.3.25所示。

（a）图像阈值分割再处理后成果　　　　　　　　（b）像素梯度差异分割再处理后成果

（c）极大似然监督分类再处理成果　　　　　　　　（d）点云离散度分割再处理成果

（e）点云坡度分割再处理成果　　　　　　　　（f）点云粗糙度分割再处理成果

图6.3.25　各类裂缝提取方法最终成果

6.3.4.3　多源提取裂缝数据的融合

　　地表裂缝是指地表岩层、土体在自然因素或人为因素作用下产生的开裂，并在地面形成具有一定长度和宽度裂缝的宏观地表破坏现象。地表裂缝按成因成分分为地震裂缝、构造裂缝、黄土湿陷性裂缝、滑坡裂缝等，对于短期处于变形阶段的裂缝多为斜坡滑动造成的地表开裂。据研究：当坡体受到拉张应力而发生变形后，初始宽度变形值为2～10mm；随着应力拉张及延伸，到发展阶段宽度变形值为60～80mm；动态裂缝随着工作面的推进，变形宽度一般可达 100~400mm，因此在产生变形裂缝的坡体中，处于不同变形阶段的裂缝宽度在 2~400mm 范围内大小不一，不同尺寸的裂缝在二维颜色像素与三维空间分布特征不尽相同。如图 6.3.26 所示。

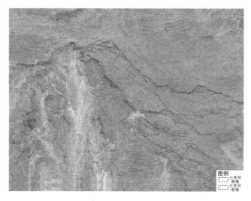

（a）白鹤滩蓄水库岸变形裂缝二维图像

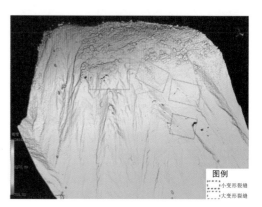

（b）白鹤滩蓄水库岸变形裂缝三维点云

图 6.3.26　不同尺度效应下裂缝的二维与三维显示分布特征

由上述情况可知：由于地表裂缝的尺度效应使得从二维及三维数据中难以实现裂缝全面识别，进而降低了裂缝的识别精度。综合考虑：无人机获取的正射影像图分辨率为 2~5cm，同时细小裂缝在不同光照角度下均能产生明显的黑色光照阴影，使得从正射影像图中识别小变形裂缝具有明显优势；而经过影像密集匹配后生成的点云数据能很好地反应大变形裂缝形成的立体陡坎信息，因此本研究将结合二者优势分别进行大变形裂缝与小变形裂缝的识别与提取工作，最后将两者的识别成果合并形成完整的裂缝识别体系。

通过上述分析，需要选择出适合研究区域的最优裂缝识别模型进行融合，为了更好评估各模型的准确性，将三维点云、数字图像识别结果分别与人工解译的大变形裂缝、小变形裂缝进行对比，采用准确率、召回率以及 F-分数来评价每个模型及再滤波后的算法优劣。准确率（P）是指被预测为正例的样本（TP＋FP）中有多少是真正的正例（TP），其计算公式如式（6.3.10）所示；召回率（R）是指正例样本（TP＋FN）中有多少被预测为正例（TP），其计算公式如式（6.3.11）所示，最后采用 F-分数（f－score）来综合评价准确率与召回率指标，用来评价模型的总体特性优劣，其计算公式如式（6.3.12）所示。

$$P = \frac{TP}{TP+FP} \tag{6.3.10}$$

$$R = \frac{TP}{TP+FN} \tag{6.3.11}$$

$$F = 2 \times \frac{P \cdot R}{P+R} \tag{6.3.12}$$

由于五里坡影像图中裂缝树木繁多且不易分辨，人工综合三维模型及图像解译裂缝仍然会出现较为明显的误差或遗漏，因此本次选取部分五里坡中较为典型的场景区域完成了人工精细化测量，将人工解译与模型结果进行对比分析，计算上述评价指标，结果见表 6.3.1。

表 6.3.1 三维点云及数字图像提取裂缝模型评价结果

方　　　法			准确率/%	召回率/%	F-分数	F-分数最大值	最优模型
数字图像识别结果（小变形裂缝）	灰度阈值分割	初提取	12.32	92.13	0.217	0.881	边缘梯度检测（再滤波后）
		再滤波后	45.60	83.65	0.590		
	彩色监督分类	初提取	10.23	95.60	0.185		
		再滤波后	83.50	87.74	0.851		
	边缘梯度检测	初提取	73.82	93.60	0.825		
		再滤波后	93.23	83.57	0.881		
三维点云识别结果（大变形裂缝）	离散度分割	初提取	53.24	45.73	0.492	0.954	坡度分割（再滤波后）
		再滤波后	77.83	42.94	0.551		
	粗糙度分割	初提取	73.62	98.67	0.843		
		再滤波后	93.57	92.56	0.931		
	坡度分割	初提取	84.24	97.32	0.903		
		再滤波后	97.57	94.32	0.954		

　　由上表可知，对于小变形裂缝与大变形裂缝的识别效果中边缘梯度检测与坡度分割的效果较好，均能达到 0.88 的 F-分数，因此将两者模型提取裂缝结果进行融合获得最终裂缝自动提取成果，其与人工解译成果对比如图 6.3.27、图 6.3.28 所示。

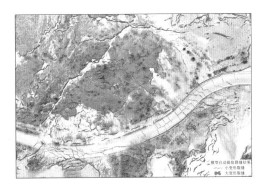

图 6.3.27　裂缝自动提取最终成果图　　　　　图 6.3.28　人工解译裂缝提取图

6.3.5　地表裂缝的自动化信息采集与统计

　　当裂缝完成二次滤波后便可以得到每条裂缝的具体位置及分布情况，但实际工程运用中需要定量化的评价指标来评估裂缝的延伸情况、张开程度、密集程度等。因此在完成裂缝像元提取后需要进一步处理统计相关参数指标。本研究通过提取骨架、轮廓的方式完成了裂缝的数量、长度、宽度、方向、裂纹密度的统计工作。

6.3.5.1　裂缝骨架提取

　　提取出的裂缝像元是由多个像元构成的闭合区域，因此统计裂缝长度之前需要提取出裂缝骨架从而进行计算。裂缝骨架是指目标在图像上的中心像元轮廓，简而言之就是以目标中心为准,对目标进行细化,细化后的目标都是单层像素宽度,这样就达到了骨架提取的目的。本研究仍然采用 OpenCV – Python 开源库中骨架提取函数 skeletonize（）来完成裂缝的骨架提取,这种算法能将一个连通区域细化成一个像素的宽度。裂缝骨架提取效果示意图如图 6.3.29 所示。

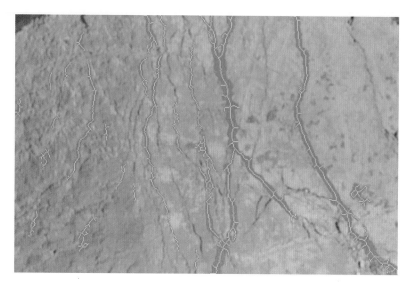

图 6.3.29　裂缝骨架提取效果示意图

6.3.5.2　裂缝轮廓提取

在统计裂缝宽度之前需要提取出裂缝轮廓从而进行计算,对于提取的二值化裂缝栅格图像进行边界扫描,分别得到上下两条边界线,获取距离裂缝骨架中心点最远的像素点即为裂缝的轮廓。采用 OpenCV – Python 开源库中轮廓提取函数 findContours（）来完成裂缝的轮廓提取,裂缝轮廓提取效果示意图如图 6.3.30 所示。

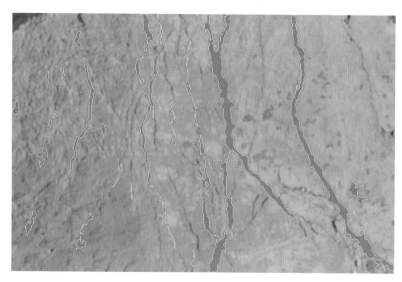

图 6.3.30　裂缝轮廓提取效果示意图

6.3.5.3　裂缝信息统计

（1）数量。运用了上一节提出的 DBSCAN 密度聚类算法来统计裂缝的数量。这个过程包括使用 1 个像素值距离的密度聚类，将所有裂缝的二值像素分类为多条密集且紧靠的裂缝。每个裂缝像元的聚类标签集合代表了提取出的裂缝总数。

基于以上提出的裂缝统计方法，采用了 1 个像素值距离的密度聚类，成功自动提取出了总共 834 条裂缝，每条裂缝编号均以 DBSCAN 密度分类后的标签进行自动命名，结果如图 6.3.31 所示。

图 6.3.31　裂缝提取结果数量统计

（2）长度。根据提取的裂缝骨架计算每一条裂缝的像元总数 S_i，在获得栅格单元的实际长度 K 后，通过公式计算每条裂缝的实际长度 L。

$$L = S_i \times K \tag{6.3.13}$$

根据上述裂缝分类数量统计结果，自动计算出每条裂缝的长度，并统计出裂缝长度统计直方图，如图 6.3.32 所示。

裂缝长度是评估裂缝影响范围的重要因素（孟繁钰等，2011），能够通过斜坡裂缝变形长度判断地下变形区错段拉裂范围及贯穿程度，掌握裂缝长度及分布特征就能够有效控制场区的岩土体变形情况，从上图可知调查区大部分裂缝宽度在 0～12m 长度区间，占总裂缝数量的 88%，最大裂缝总长度 244.01m，位于公路以西下方编号为 699 号的裂缝，在影像图上已呈贯通之势，易垂直于公路向下方滑动，遥感影像及现场调查情况如图 6.3.33 所示。

（3）宽度。结合上节已提取的裂缝骨架与轮廓，以每条裂缝骨架的每一个像元 P_i 为圆心绘制裂缝边缘轮廓的最小外接圆，获取最小外接圆的半径 r_i 和栅格单元实际长度 K，通过式（6.3.14）计算单条裂缝汇总每个像元骨架的宽度 w_i，最后通过式（6.3.15）～式（6.3.17）来获得单条裂缝的最大宽度、最小宽度以及平均宽度。

$$w_i = 2 \times r_i \times K \tag{6.3.14}$$

$$w_{i\max} = \max\{w_i\} \tag{6.3.15}$$

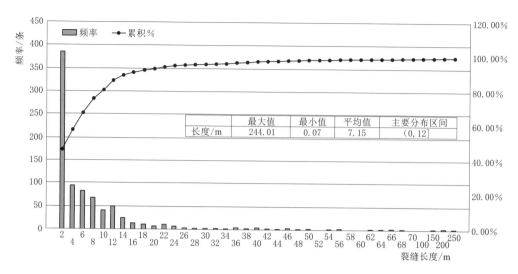

图 6.3.32　五里坡自动提取地表变形裂缝长度分布直方图

（a）最长裂缝无人机影像图位置　　　　　　　　（b）现场调查情况

图 6.3.33　滑坡前缘下错裂缝无人机航拍及现场调查照片

$$w_{i\min} = \min\{w_i\} \qquad (6.3.16)$$

$$\overline{w_i} = \frac{\sum_{n=1}^{S_i} 2 \times r_n \times K}{S_i} \qquad (6.3.17)$$

　　采用上述关于裂缝宽度的计算方法，自动计算出每条裂缝的最大宽度、最小宽度以及平均宽度，并统计出每条裂缝的平均宽度统计直方图，如图 6.3.34 所示。

　　宽度代表下错陡坎或裂缝滑动的水平距离，当裂缝宽度越大时，土地裂缝贯穿的深度就越大，因此统计裂缝宽度分布及其特征，对于预测斜坡变形发展趋势有重要支撑作用。从图 6.3.31 可知，最大裂缝是编号为 61 号的下错陡坎。调查区裂缝宽度大多数分布在 0.08～0.3m，平均数约为 0.167m，从测量结果来看，特别是路面及斜坡裂缝的宽度均在 0.3m 左右，与现场调查结果较为相符，说明本文基于遥感影像的宽度自动提取算法具有较为准确的效果。现场调查情况如图 6.3.35 所示。

　　（4）方向。对分类的每一条裂缝 i 的全部像元进行 PCA 主成分分析，获得特征值 λ_1

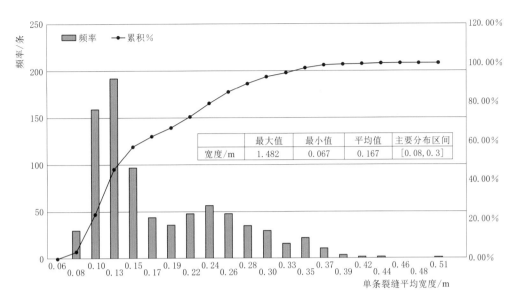

图 6.3.34　五里坡自动提取地表变形裂缝平均宽度分布直方图

（a）现场调查情况1　　　　　　　　　　　（b）现场调查情况2

图 6.3.35　现场调查裂缝宽度特征

和 $\lambda_2(\lambda_2 < \lambda_1)$ 以及 λ_1 对应的特征向量 $\vec{e}_{i1}$（x_i，y_i），通过式（6.3.18）与式（6.3.19）计算每条裂缝的主延伸走向夹角 θ_i 和离散度 d_i。θ_i 大于 0 即为 NE – SW 走向，θ_i 小于 0 即为 NW – SE 走向，d_i 处于 [0，1] 区间内，当离散度越接近 0 时表示裂缝的单方向延伸性更好，反之裂缝方向分布更为离散。通过统计不同分布区间的裂缝数量即可获得研究区裂缝走向分布的节理玫瑰花图。

$$\theta_i = \arctan\left(\frac{x_i}{y_i}\right) \times \frac{180}{\pi} \qquad (6.3.18)$$

$$d_i = \frac{\lambda_2}{\lambda_1} \qquad (6.3.19)$$

采用上述关于裂缝方向的计算方法，自动计算出每条裂缝的主走向角度与离散度情况，并统计出每条裂缝的走向和离散度统计直方图，如图 6.3.36、图 6.3.37 所示。

判断裂缝的走向也是统计分析的一个重要因素，走向很大程度上决定了坡体运动的方

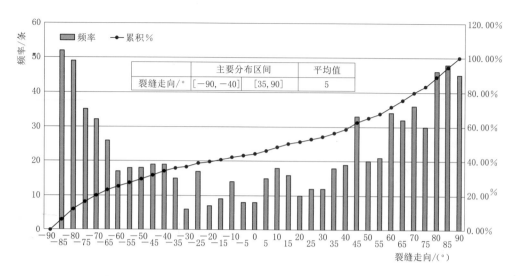

图 6.3.36　五里坡自动提取地表变形裂缝走向分布统计直方图

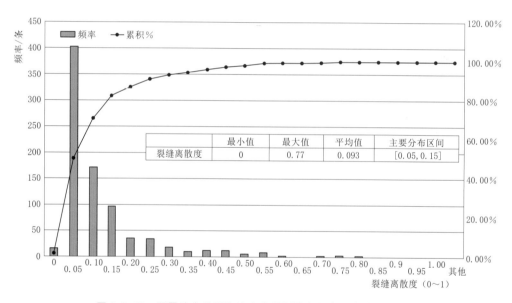

图 6.3.37　五里坡自动提取地表变形裂缝离散度分布统计直方图

向和轨迹，在滑坡未变形失稳前，快速掌握裂缝的走向并及时预测滑坡运动方向就能够为紧急避险方案提供技术支持。从调查区统计图可以看出，在走向为−90°～−40°与35°～90°范围内裂缝数量最多，进一步说明滑坡在侧缘两侧均发生了剧烈变形，从而造成裂缝分布呈X形分布，初步预测滑坡会沿两条走向在中部贯通的深度发生滑坡，向公路滑移破坏。根据裂缝走向统计直方图自动绘制的五里坡区域 834 条裂缝走向节理玫瑰花图如图6.3.38 所示。

（5）裂纹密度。裂缝的区域面积就是针对路面图像数据中裂缝区域大小的度量，即裂缝区域包含的像素点个数。设定大小为 $m \times n$ 的裂缝图像数据中，本书研究关于裂纹密度 R 的定义是指裂缝区域面积 $S_{总}$ 和裂缝最小外接矩形面积 $S_{m \times n}$ 之间的比值，如式

（6.3.20）所示，本书研究基于 DBSCAN 的密度分类结果，可以实现任意框选范围内裂缝最小外接矩形内的裂纹密度，用来满足实际工程中重要区域的裂缝密度自动提取。

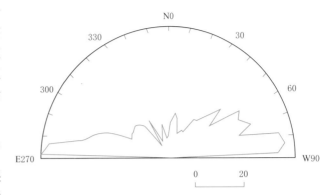

$$R = \frac{S_{总}}{S_{m \times n}} \quad (6.3.20)$$

完成裂缝提取和参数计算对裂缝的特征分析后续修复工作存在指导意义（阮崇武，2015）。关于数

图 6.3.38　五里坡滑坡裂缝走向节理玫瑰花图

量、长度、宽度、方向的统计均是基于单条裂缝的分析，为了更好地定量化评估裂缝在区域上的分布情况，采用了以裂缝最小外接矩形为背景的裂纹密度比例，本文研究开发了 Python 相关代码，能够实现使用者任何感兴趣（RIO）区域的裂纹密度的自动提取与统计，如图 6.3.39 所示，为五里坡调查区任意区域裂隙面积比率统计实例。

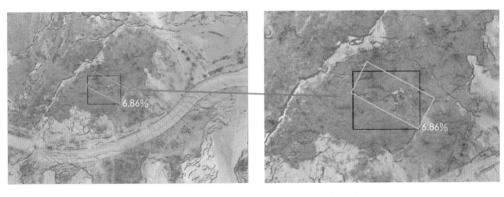

图 6.3.39　五里坡裂隙面积比率统计实例演示

第 7 章

白鹤滩库区库岸滑坡早期
识别典型案例

第3～6章对水库滑坡的区域预测和精细化识别方法进行了详细的阐述，具体的水库滑坡识别流程如下：首先，基于已有的地质资料建立水库滑坡预测模型，圈绘水库滑坡发生极高概率区；其次，采用自动化处理与快速识别的 InSAR 技术，定期对水库滑坡发生极高概率区进行形变监测；然后，对有形变的岸坡进行智能塌岸识别；最后，采用基于无人机遥感的精细化裂缝识别方法对有塌岸的岸坡进行裂缝识别，判断岸坡是否会发生整体滑动。为展现库岸水库滑坡早期识别方法在库区的实际应用情况，选取 4 处典型的水库滑坡案例，从滑坡蓄水前识别情况以及蓄水期滑坡变形监测情况进行详细论述。

7.1　古老滑坡复活型——王家山滑坡

7.1.1　滑坡特征与蓄水前识别分析情况

王家山滑坡（图7.1.1）位于金沙江支流小江河右岸斜坡。该滑坡堆积体的后缘高程为1125m，其上部为基岩陡壁，坡度约40°～50°。滑坡前缘为小江河和临时道路，高程约732m，由于河流侵蚀和道路开挖而陡坡较陡，坡度约35°～45°。滑坡体两侧边界为冲沟，在雨季有流水，冲沟向上在后缘处汇合。滑坡体最大纵向长约800m，宽约90～500m，滑坡面积约为$23.5 \times 10^4 m^3$，估计体积$611 \times 10^4 m^3$。该滑坡在蓄水至790m发生了整体变形，下面对该滑坡在蓄水前的识别和地质预测情况进行说明。

在蓄水前通过无人机1∶2000精度航测获得该区域三维影像图如图7.1.2所示，通过遥感解译发现滑坡的双沟同源地貌，坡体前缘为非常明显的滑坡舌，在滑坡舌上可见小型滑塌，符合古滑坡的形态特征。对其周围地貌和地质条件分析，发现其前缘为小江断裂带，周围山体有明显的高位体积缺失，判断王家山滑坡可能为地震触发的同震滑坡。

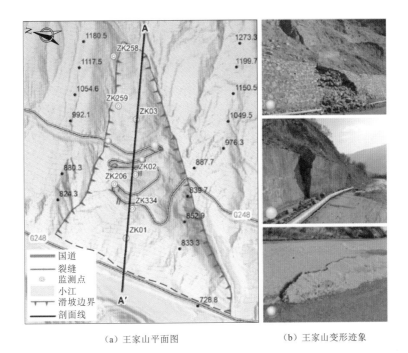

(a) 王家山平面图　　　　　　　　　　(b) 王家山变形迹象

图 7.1.1　王家山滑坡平面图及其变形迹象

在蓄水前的 InSAR 识别中，也清晰地探测到了王家山滑坡的变形。图 7.1.3 和图 7.1.4 分别为采用 SBAS - InSAR 技术分析的王家山滑坡 2017 年 2 月 19 日至 2021 年 3 月 30 日之间的形变速率和累计位移。图 7.1.3 表明，王家山滑坡整体视向平均形变速率处于 −69～−14mm/a，坡向平均形变速率最高达 −220mm/a。滑坡变形集中在中部的白色虚线圈范围，周边形变则向外逐步减弱。现场调查在

图 7.1.2　无人机遥感影像图

白色虚线圈区域内发现挡墙破损、挡墙倾倒和道路裂缝［图 7.1.1 (b)］等变形现象。

在时间序列累计位移图中（图 7.1.4），滑坡中部首先发生变形，而后向前缘和后缘拓展，累计形变量逐渐增加。从累计形变图上可以看出，王家山滑坡的变形具有较为明显的空间差异特性，滑坡中部变形最强，后缘滑体次之，左侧和前缘滑体变形最小。现场调查发现变形迹象也主要在滑坡的中部［图 7.1.1 (a)］，与累计位移最大的区域一致。以上的分析表明，王家山滑坡在蓄水前一直处于缓慢的变形状态。从 InSAR 技术上通过形变分析也可有效识别该处滑坡灾害。

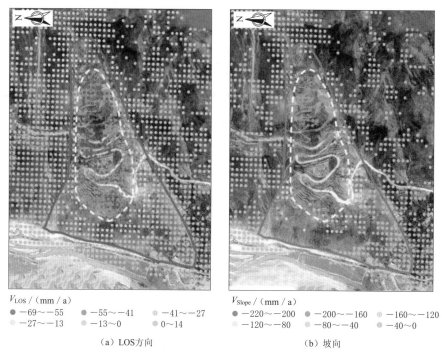

V_{LOS} / (mm / a)

● −69～−55　　● −55～−41　　● −41～−27
● −27～−13　　● −13～0　　　● 0～14

（a）LOS方向

V_{Slope} / (mm / a)

● −220～−200　　● −200～−160　　● −160～−120
● −120～−80　　　● −80～−40　　　● −40～0

（b）坡向

图 7.1.3　王家山滑坡的平均形变速率

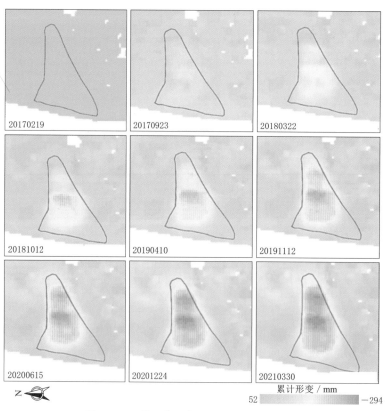

累计形变 / mm

52　　　−294

图 7.1.4　蓄水前王家山滑坡累计位移量图

基于矩阵预测模型的水库滑坡预测结果显示，王家山滑坡在蓄水期发生整体滑动破坏的可能极高（图 7.1.5），应在蓄水期予以重点关注。此后的蓄水期，该滑坡在蓄水至790m 水位时发生明显滑动，也说明了矩阵预测方法的有效性。

7.1.2 蓄水期 InSAR 识别与动态监测

为了在蓄水期提前识别该滑坡的变形，研究中采用 D－InSAR 技术对其进行了重点监测。如图 7.1.6 所示，从王家山滑坡蓄水期 D－InSAR 结果可以看出，在 2021 年 4 月刚刚开始蓄水时，短时间内王家山滑坡未出现形变，但在 2021 年 7 月初时通过 D－

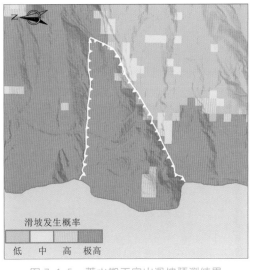

图 7.1.5　蓄水期王家山滑坡预测结果

InSAR 结果可以发现王家山滑坡前缘临水岸段出现了明显的形变区。此外，王家山滑坡在 9 月 1 日发生整体变形，这表明 D－InSAR 能够在该滑坡发生大的变形前就将其识别。

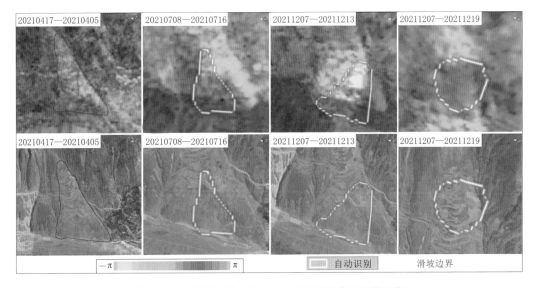

图 7.1.6　王家山蓄水期 D－InSAR 相位变化智能识别

王家山滑坡的年平均形变速率如图 7.1.7 所示。图中点代表 InSAR 监测有效相干点，点颜色代表年平均形变速率，其中亮色彩（红色、橙色）代表显著的远离卫星视线运动；绿色代表较为稳定的区域，具体量级如图中颜色条所示。从 InSAR 解译的强形变区（图 7.1.7 中白色虚线范围）中形变点的分布特征来看，王家山滑坡的变形主要发生在其中上部，形变速率处于 $-30 \sim -20 \text{mm/a}$。其中在滑坡前缘靠近水位附近时序 InSAR 结果出现失相干现象，推测这是由于该处变形太大导致的而不是植被等因素，

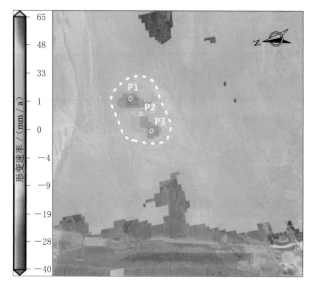

图 7.1.7 王家山滑坡蓄水期时序
InSAR 形变速率（2021 年 4—11 月）

原因在于该处失相干区域为上文 D-InSAR 最先发现形变的地方，该处在王家山滑坡未发生整体变形时就已经发生形变了，因此其在王家山发生整体变形后，其形变量将会进一步地增加，从而超出了 InSAR 技术可检测的最大变形梯度。

图 7.1.8 展示了 3 处位于变形区域内的特征点的时间序列变形曲线。库水在 2021 年 5 月前未将王家山前缘淹没，因此通过该时序结果进一步表明该滑坡在未蓄水前就一直处于变形阶段。当库水将王家山滑坡前缘淹没后，从时序变形结果中可以发现 3 处特征点的形变都出现较大的增加，说明库水对王家山滑坡的稳定性影响较大，库水很大程度上降低了王家山滑坡的稳定性，从后续的累计形变大幅度增加也可以看出这点。最后发现在 8 月中旬 P2、P3 两点发生较大的形变，形变量超过以往，由此可以分析在 8 月中旬后王家山可能会产生较大的变形，而在 9 月初现场调查发现王家山滑坡坡体整体发生变形，因此说明时序 InSAR 技术可以有效地识别出蓄水期的滑坡，效果较好。

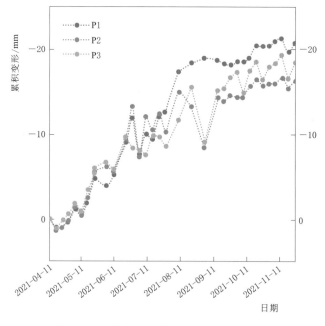

图 7.1.8 王家山滑坡 InSAR 变形时间序列

7.1.3 蓄水期无人机遥感精细变形分析

7.1.3.1 基于影像的前缘塌岸识别

通过无人机影像对比分析水库蓄水前后王家山滑坡体的形貌特征。蓄水前，坡脚为临时道路，道路东侧为王家山滑坡体前缘陡坡，坡表植被稀疏，浅冲沟发育，临时道路修建过程中轻微切坡未引发滑塌，仅南段斜坡中上部因流水冲刷形成的树枝状冲沟沟壁存在轻微崩塌，斜坡总体稳定，未识别出坡体变形形迹特征（图 7.1.9）。

图 7.1.9 蓄水前王家山
滑坡体形貌特征（倾斜摄影）

蓄水后，王家山滑坡体逐渐复活，前缘岸坡发育大量横向拉张裂缝，塌岸发育强烈，在滑坡体前缘东北侧变形严重（图 7.1.10 和图 7.1.11）。该滑坡可能在后续蓄水时发生整体滑动，因此对该滑坡应采取相应的监测措施，了解其变形过程。

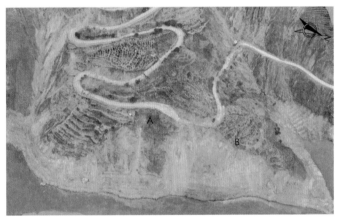

（a）王家山滑坡体前缘平面图

（b）王家山滑坡前缘典型变形（A点）

（c）王家山滑坡前缘典型变形（B点）

图 7.1.10 蓄水后王家山滑坡体前缘变形特征
（11月4日倾斜摄影，红色细线为裂缝）

7.1.3.2　基于 DEM 的高程变化分析

图 7.1.12 展示了王家山滑坡随着库水位抬升的高程变化。4 月 28 日库水位为 728.75m，刚刚到达小江河，库水对滑坡没有影响，数字高程模型的对比没有任何位移变化。在 5 月 25 日库水位达到 761.49m，此时仅在滑坡前缘有小规模的塌岸。此后库水上升速度加快，并于 7 月 11 日到达 776.37m，滑坡前缘的塌岸范围扩大。其后库水位缓慢下降至 8 月 14 日的 771.82m，这一阶段前缘塌岸范围有所增加，但滑坡体位移相较而言并不明显。汛期结束后，库水位在 9 月加速上升，并在 9 月 14 日到达

图 7.1.11　王家山滑坡体前缘东北侧变形特征（11 月 4 日倾斜摄影）

801.09m，此时在坡体道路和后缘处可见高差变化，位移量达到 0～1.0m。随着库水位抬升，白鹤滩库区在 9 月 30 日达到首次蓄水期的最高水位 816.51m，然后缓慢下降。从 11 月 4 日与 4 月 28 日的高程对比结果分析，滑坡后缘已经出现显著高差变化，位移量达到

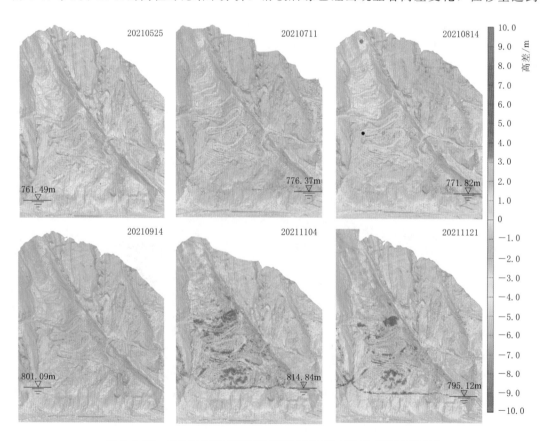

图 7.1.12　王家山滑坡不同时期相较 2021 年 4 月 28 日的高程变化

2.0～7.0m，中部道路下错达 5.0～8.0m。无人机获得数字高程模型对比分析表明，王家山滑坡在蓄水期间经历复杂的变形过程，这一过程从滑坡前缘的塌岸开始，最终导致了滑坡的整体滑动。

7.1.3.3　滑坡裂缝识别与分析

通过 11 月 4 日获取的高精度正射影像图和三维点云成果作为数据源，通过三维点云数据的大变形地表裂缝自动识别与二维图像的小变形地表裂缝自动识别方法进行裂缝识别，将所识别的裂缝进行再滤波修复，得到最终的裂缝自动提取成果如图 7.1.13（a）所示。对这些裂缝进一步了解发现：滑坡后缘形成了一个海拔差异为 6.0～9.0m 的弧形陡崖下错和横向拉伸裂纹 ［图 7.1.13（b）］。滑坡体的道路上出现许多裂缝，其方向与滑坡的滑动方向相似 ［图 7.1.13（c）］。在滑坡路面中，道路变形 ［图 7.1.13（d）］ 和剪切错位 ［图 7.1.13（e）］ 发生。这些观察表明，当水库水位上升时，滑坡沿着整个滑动带滑动。

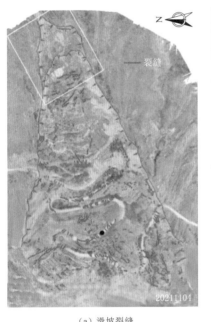

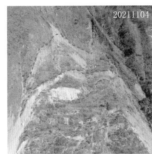

（b）滑坡头部的张力陡坎和横向裂缝

（c）道路裂缝

（d）道路变形

（e）剪切错位

（a）滑坡裂缝

图 7.1.13　王家山滑坡裂缝特征

7.2　风化碎裂滑移型——五里坡滑坡

7.2.1　滑坡特征与蓄水前识别分析情况

五里坡滑坡（图 7.2.1）位于云南省巧家县蒙姑镇安置区下游 0.5km 范围处，滑坡呈现上窄下宽的形态，坡度为 40°～50°，滑动方向为 270°。滑坡后缘高程可见明显下错陡坎，剪切裂缝向左右边界延伸；滑坡体和S303省道出现多处裂缝。综合蓄水前调查数据分析，滑坡后缘高程920m，潜在剪出口位于730m左右的岩性交界处。滑坡体纵向长约300m，横向宽约250m，相对高差达190m。滑坡体平均厚度由高密度电法物探确定为10m，体积约为$105 \times 10^4 m^3$。下面对该滑坡在蓄水前的识别和地质预测情况进行说明。

在蓄水前通过无人机1:2000精度航测获得该滑坡三维影像图（图7.2.2）。从三维地质模型上可以清晰地看出该滑坡的平面形态呈舌形，上窄下宽，滑坡两侧以冲沟为界，滑坡前缘为近直立陡壁，在其后缘可见滑坡后壁，后壁出露高度约6m，呈陡壁状，坡度约60°。因此根据以上特征可以识别出该滑坡。

图7.2.1 五里坡滑坡全貌

图7.2.2 五里坡岸段三维影像图

基于矩阵预测模型的水库滑坡预测结果显示，五里坡滑坡在蓄水期发生整体滑动破坏的可能极高（图7.2.3）。这表明五里坡滑坡在蓄水期有发生滑动破坏的可能，应在蓄水期予以重点关注。此后的蓄水期，该滑坡在蓄水至733m水位时发生明显滑动。

7.2.2　蓄水期 InSAR 识别与动态监测

　　为了在蓄水期提前发现该滑坡的变形，研究采用 D - InSAR 技术对该区域进行重点监测。从多期次的五里坡滑坡蓄水期 D - InSAR 结果可以发现（图7.2.4），在2021年4月11日至2021年4月17日时五里坡滑坡上没有形变区，但在2021年4月17日至2021年4月23日时发现该滑坡区域内出现了明显的形变区，并且形变区主要集中分布在滑坡前缘临水岸段，由此可以推测该形变可能是由于蓄水导致的。同时2021年4月23日至2021年4月29日的形变结果图中可以得出该滑坡前缘的变形

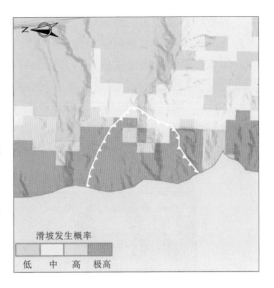

图 7.2.3　蓄水期五里坡滑坡预测结果

还在增加，因此该滑坡在库水进一步的作用下可能会复活发生变形破坏。并且在2021年4月30日现场调查时发现该处变形明显，滑坡左右边界的道路被破坏（图7.2.5），由此说明 D - InSAR 技术识别结果较为准确，能提前发现因库水导致的滑坡灾害。

图 7.2.4　五里坡蓄水期 D - InSAR 智能识别

图 7.2.5　2021年4月30日五里坡滑坡变形特征

五里坡岸段的年平均形变速率如图 7.2.6 所示。图中圆点代表 InSAR 监测有效相干点，点颜色代表年平均形变速率，其中亮色彩（红色、橙色）代表显著的远离卫星视线运动；绿色代表较为稳定的区域，具体量级如图中颜色条所示。从图 7.2.6 可知五里坡滑坡范围内时序 InSAR 形变速率可得出该滑坡正在发生变形，滑坡内最大形变速率为 -113～-95mm/a，同时还发现在五里坡滑坡前缘和滑坡右侧道路处失相干严重，这是由于该滑坡前缘临水段和右侧形变量太大，超出了 InSAR 技术可检测的最大变形梯度，因此 InSAR 无法有效实现该区域的变形。现场调查时也发现滑坡右侧的变形确实远远大于左侧的变形。

$V_{LOS}/(mm/a)$

- ● -113～-95
- ● -94～-78
- ● -77～-60
- ● -59～-42
- ● -41～-24
- ● -23～-7
- ● -6～11
- ● 12～29

图 7.2.6　五里坡滑坡蓄水期时序 InSAR 形变速率（2021 年 4—10 月）

图 7.2.7 展示了 2 处位于变形区域内特征点的时间序列变形曲线。时序结果表明在未蓄水前该处岸坡处稳定阶段，未出现明显的形变。但当水电站蓄水 1 个月之后即 5 月初时从变形曲线图可以发现两个特征点的累计形变量都在不断地增加，这与现场调查得到的结果相符。由此可以说明时序 InSAR 技术在一定程度上可以识别因蓄水导致的形变，但是当坡体的形变量太大时则无法识别，这时就需要专业人员对其进行进一步分析。

7.2.3　蓄水期无人机遥感精细形变分析

7.2.3.1　基于影像的前缘塌岸识别

回溯多期历史遥感影像判识，五里坡斜坡在蓄水前处于稳定状态，但在蓄水后不到一个月的时间便产生可见形变。结合多期无人机倾斜摄影数据比较分析，坡体变形开始于水库蓄水期，最早的为库岸前缘塌岸，塌岸处在影像中呈白色（图 7.2.8）。

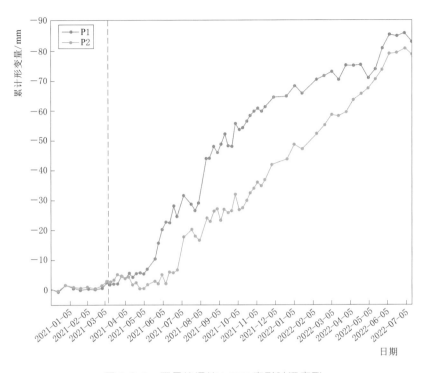

图 7.2.7　五里坡滑坡 InSAR 变形时间序列

图 7.2.8　五里坡滑坡前缘变形特征（5 月 1 日倾斜摄影）

　　随后变形区向两侧及坡体上部扩展，纵向裂缝和横向拉张裂缝发育，位于坡体中部的省道 S303 及边坡挡土墙破损严重，其中两翼变形强烈，剪张羽裂发育，北翼发生垂向下错 5.7m，水平位移 10.3m，坡体向外剪出特征明显；公路后缘斜坡中部变形兼具横向拉张和纵向剪切特征，裂缝宽度最大 0.8m，向南北两翼演变为以纵向剪切裂缝为主。

7.2.3.2 基于 DEM 的高程变化分析

通过多期次的无人机航摄数据分析了五里坡滑坡随着库水位变化的岸坡变形特征，其结果如图 7.2.9 所示。与 5 月 2 日获取的数字高程模型相比，库水位迅速上升 30m 至 760m 后，滑坡前缘发生了较大的变化；右侧边界道路下错高度达到 4.89m。此后，在 2021 年 11 月 4 日的调查发现，滑坡变形有进一步的加剧，其中冠部的下错深度达到 3.0～6.2m，右侧边界道路处下错高度达到 5.41m。此外，受蓄水影响岸坡表层的滑塌范围和深度加剧，滑坡道路下侧的变形范围朝向南侧有所扩大。2021 年 12 月 22 日和 2022 年 5 月 22 的调查进一步发现，五里坡滑坡受库水位波动影响变形仍在持续，公路上侧的裂缝下错深度有一定程度的增加，下部滑体物质在库水作用下的滑塌变形范围和深度有些许扩展。但与前期的变形过程相比，在库水位的下降过程中滑坡的形变速率有所减缓。这表明，五里坡滑坡在没有地震、强降雨等特殊事件的影响下，将在一定时期内处于缓慢的变形状态直至最后的失稳破坏。

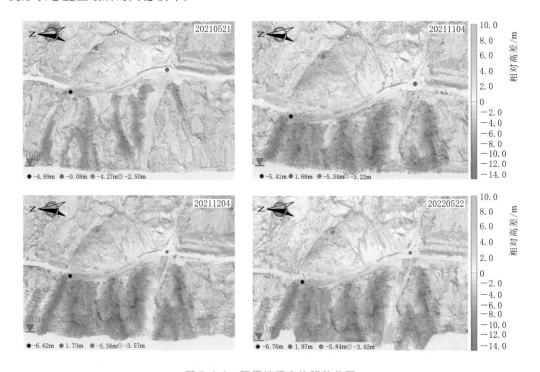

图 7.2.9 五里坡竖向位移差分图

7.2.3.3 滑坡裂缝识别分析

针对五里坡变形体分别在 5 月 1 日、5 月 7 日、5 月 9 日、5 月 14 日、5 月 21 日及 5 月 25 日进行了多期次的仿地飞行数据获取，通过数据处理获取了变形区域高精度的正射影像、三维点云以及三角化模型等数据。基于无人机三维模型地质灾害形变对比方法，将多期数据进行对比，可准确测量其形变量，对其形变量进行统计分析，获得形变的趋势，经与机载激光雷达多期点云数据对比分析，结果显示其误差较小，可为滑坡预测分析提供可靠的参考。

　　首先是二维影像的对比分析，地表裂缝作为斜坡变形的主要特征之一，能够为确定斜坡失稳模型、推测变形破坏方位、灾害早期识别等方向提供有力的信息支撑。如图7.2.10（a）所示，从蓄水前3月29日所获取影像来分析，仅发现几处疑似裂缝，未见斜坡体有十分明显的形变，而将5月14日获取的高精度正射影像图和三维点云成果作为数据源，通过三维点云数据的大变形地表裂缝自动识别与二维图像的小变形地表裂缝自动识别方法进行裂缝识别，将所识别的裂缝进行再滤波修复，得到最终的裂缝自动提取成果如图7.2.10（b）所示。

（a）蓄水前裂缝识别结果（3月29日）　　　　（b）蓄水期裂缝识别结果（5月14日）

图 7.2.10　影像多期数据对比结果

　　此次对五里坡滑坡体自动提取裂缝834条，公路上部裂缝整体走向垂直于坡体滑动方向，平面拉张，垂向下错，形成台阶；中部公路路面垂直于坡向的纵向裂缝密集，表明上部挤压作用下剪应力集中产生剪切裂缝，中部一条横向拉张裂缝贯穿多条纵向裂缝。坡体前缘裂缝整体呈圆弧形，裂缝走向在27°～90°范围内数量居多，多近垂直于滑动方向，表土坡体下滑趋势明显；另外，滑坡在两翼均变形强烈，最长裂缝是位于公路以西下方编号为699号的裂缝，长达244.01m，该裂缝错断拉裂范围大，贯穿程度好，在影像图上已呈贯通之势，易垂直于公路向下方滑动，随着后续五里坡变形体继续变形，该处将可能完全滑落。在5月14日时五里坡滑坡上裂缝密布，因此其发生整体变形的可能性较大。

7.3　基覆界面滑移型——沈家沟滑坡

7.3.1　滑坡特征与蓄水前识别分析情况

　　沈家沟滑坡（图7.3.1）位于四川省会东县野牛坪西北侧，距白鹤滩坝址直线距离75.5km。滑坡内地形整体较陡，前缘高程约740m以下，地形平缓，坡度小于10°；高程740～870m段地形陡峻，地形坡度45°～55°；870～910m稍缓，地形坡度25°～30°；高程910～1170m，地形较陡，坡度35°～45°；后缘高程1170m以上，坡度以30°～35°为主。滑坡宽约160m，面积约9.6×10^{4}m^2。该滑坡在蓄水至815m发生了整体变形，下面对该

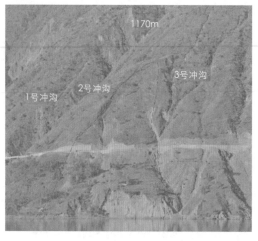

图 7.3.1 沈家沟滑坡全貌照片

滑坡在蓄水前的识别和地质预测情况进行说明。

库区蓄水前，沈家沟滑坡体已有变形迹象。据研究区 2005 年 5 月 11 日、2014 年 10 月 31 日、2015 年 1 月 29 日、2017 年 12 月 29 日、2018 年 2 月 19 日、2019 年 11 月 20 日共 6 期历史高分辨率卫星影像对比分析，该滑坡体早在 2005 年 5 月 11 日可见明显的宏观变形迹象，在坡体后缘发育 3 条顺坡走向清晰的拉张裂缝，并有明显的下错阶坎裸露，两侧冲沟及坡脚土体松弛，沟岸小规模垮塌零星可见（图 7.3.2，图 7.3.3）。

2014 年 10 月 31 日、2015 年 1 月 29 日卫星影像与 2005 年 5 月 11 日卫星影像相比，变形迹象未见显著变化（图 7.3.4～图 7.3.7）。2017 年 12 月 29 日卫星影像显示，变形体后缘有较明显的加剧变形迹象，裂缝清晰，陡坎位错加大，且有新生裂缝产生（图 7.3.8、图 7.3.9）。2018 年 2 月 19 日卫星影像显示，变形体后缘变形有向两侧扩展和位错加剧趋势，且前缘垮塌变形区范围明显扩大（图 7.3.10、图 7.3.11）。蓄水前 2019 年 11 月 20 日与 2018 年 2 月 19 日卫星影像相比，变形迹象未见显著变化（图 7.3.12、图 7.3.13）。

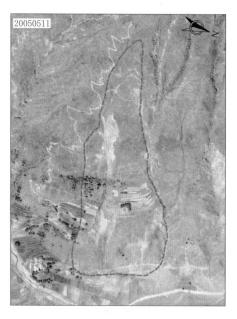

图 7.3.2 2005 年 5 月 11 日
变形体全貌影像

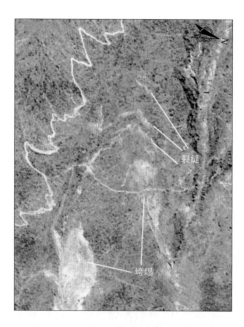

图 7.3.3 2005 年 5 月 11 日
变形体后缘影像

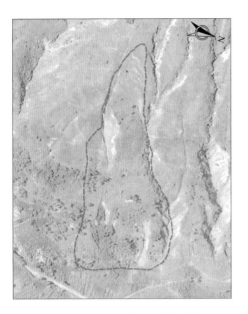

图 7.3.4　2014 年 10 月 31 日
变形体全貌影像

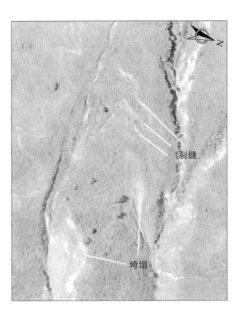

图 7.3.5　2014 年 10 月 31 日
变形体后缘影像

图 7.3.6　2015 年 1 月 29 日
变形体全貌影像

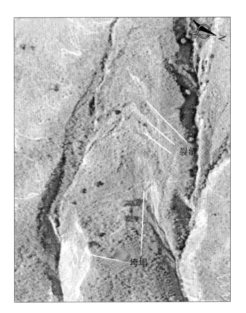

图 7.3.7　2015 年 1 月 29 日
变形体后缘影像

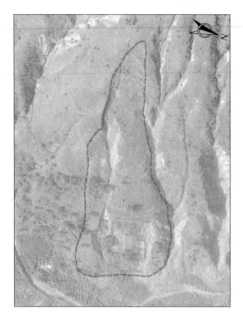

图 7.3.8　2017 年 12 月 29 日
全貌影像

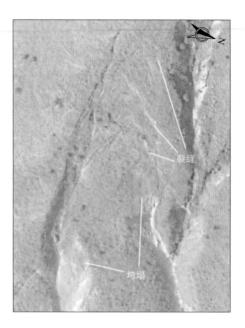

图 7.3.9　2017 年 12 月 29 日
后缘影像

图 7.3.10　2018 年 2 月 19 日
全貌影像

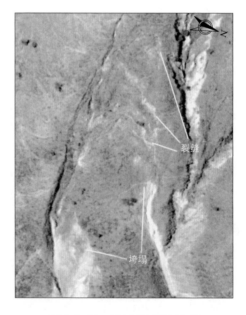

图 7.3.11　2018 年 2 月 19 日
后缘影像

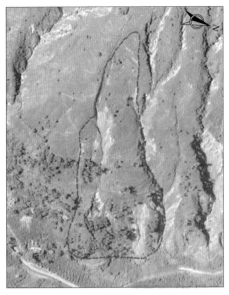
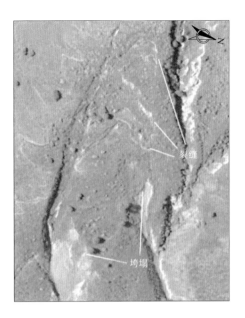

图 7.3.12　2019 年 11 月 20 日全貌影像　　　　图 7.3.13　2019 年 11 月 20 日后缘影像

　　基于矩阵预测模型的水库滑坡预测结果显示，沈家沟滑坡在蓄水期发生整体滑动破坏的可能极高（图 7.3.14）。这表明沈家沟滑坡在蓄水期有发生整体滑动破坏的可能，应在蓄水期予以重点关注。此后的蓄水期，该滑坡在蓄水至 815m 水位时发生明显滑动。

7.3.2　蓄水期 InSAR 识别与动态监测

　　一般而言在复杂山区环境下，InSAR 滑坡形变测量效果和精度容易受到陡峭地形、植被和气象条件等影响。植被是山区 SAR 影像空间失相干的主导因素，在植被覆盖茂密的地区，相干点目标稀疏，InSAR 技术探测的测量点较少，容易造成低估或错误现象，进而造成干涉相位的不连续性。沈家沟滑坡植被覆盖茂密，相干点目标稀少，引起随机噪点误差，影响监测的结果（图 7.3.15）。随着水位的不断上涨，水面面积不断增大，卫星两次成像的大气环境相差较大，进而影响了监测的结果。因此利用 D-InSAR 技术无法对沈家沟滑坡进行有效监测。

图 7.3.14　蓄水期沈家沟滑坡预测结果

　　沈家沟滑坡的年平均形变速率如图 7.3.16 所示。图中有颜色的区域代表 InSAR 监测有效形变区域，颜色代表年平均形变速率，其中亮色彩（红色、橙色）代表显著的远离卫星视线运动；绿色代表较为稳定的区域，具体量级如图中颜色条所示，时序 InSAR 结果表明该滑坡在雷达卫星视线方向上探测出的最大形变速率达 40mm/a。图 7.3.17 展示了 2

处位于沈家沟滑坡区域内的特征点的时间序列变形曲线，特征点 P1、P2 在 2021 年 4 月至 2022 年 8 月呈现持续变形趋势，最大累计形变量级达 65mm。滑坡现场于 2021 年 10 月发现坡体显著变形迹象，进一步佐证了该识别结果的准确性。

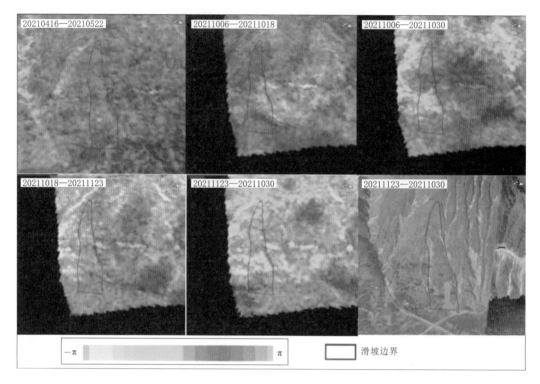

图 7.3.15　沈家沟滑坡 D–InSAR 相位变化情况

7.3.3　蓄水期无人机遥感精细形变分析

7.3.3.1　基于影像的前缘塌岸识别

沈家沟滑坡经历了早期蓄水至 776.37m，汛期缓慢放水水位下降至 8 月 14 日的 771.37m，汛后水位快速上升至 9 月 30 日的最高水位 816.51m，其后缓慢下降，至 11 月 4 日水位降至 774.38m。在上述多次水位变动过程中，沈家沟滑坡体最早发生大变形的地方位于其前缘，从图 7.3.18 中可清晰地发现滑坡前缘的塌岸，在影像上其呈白色。

7.3.3.2　基于 DEM 的高程变化分析

沈家沟岸坡段自 4 月初至 11 月 4 日先后经历了多期水位变动，从早期蓄水至 776.37m，至 9 月 30 日的最高水位 816.51m，其后缓慢下降，至 11 月 4 日水位降至 774.38m。研究蓄水前后沈家沟岸坡段的变形特征，利用 4 月 1 日与 11 月 4 日获取的两期高精度数字高程模型进行竖直位移差分，得到如图 7.3.19 所示差分图。

其中鲜红为正向位移，蓝色、紫红为向下位移（数值为"—"）。由图可知，沈家沟滑坡在蓄水期变形区主要位于前缘岸坡处，两侧及坡体中上部变形轻微，而岸坡处变形多集中在中段，在竖直方向整体呈蓝至紫红色，两侧呈浅蓝色晕状，最大变形达 12.95m，说明该滑坡体以前缘滑塌牵引变形为主。

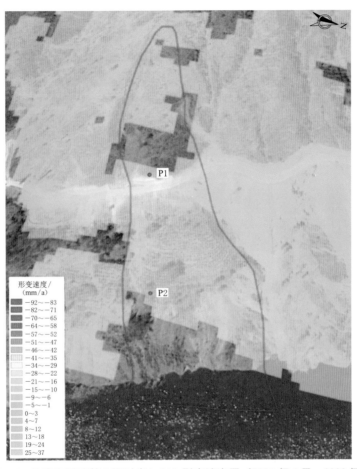

图 7.3.16　沈家沟滑坡蓄水期时序 InSAR 形变速率图（2021 年 4 月—2022 年 8 月）

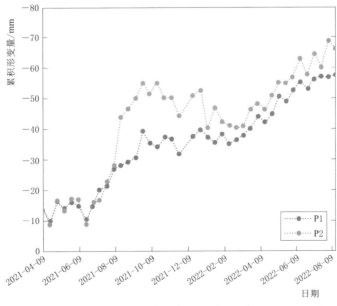

图 7.3.17　沈家沟滑坡蓄水期累计形变量图（2021 年 4 月—2022 年 8 月）

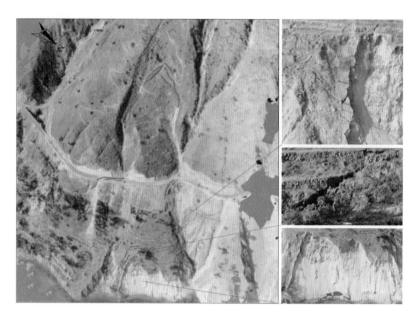

图 7.3.18 11月7日蓄水期沈家沟滑坡变形倾斜摄影图
（红色线条为解译裂缝）

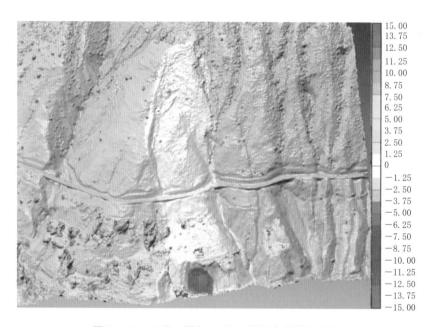

图 7.3.19 4月1日与11月4日竖向位移差分图

7.3.3.3 滑坡裂缝识别分析

通过 11 月 7 日获取的高精度正射影像图和三维点云成果作为数据源，通过三维点云数据的大变形地表裂缝自动识别与二维图像的小变形地表裂缝自动识别方法进行裂缝识别，将所识别的裂缝进行再滤波修复，得到最终的裂缝自动提取成果如图 7.3.20 所示。由下图可得：滑坡裂缝主要集中发育在滑坡的后缘，其裂缝发展方向与滑坡滑动方向一致，并且在中部公路路面和前缘有垂直于坡向的纵向裂缝，表明在上部挤压作用下剪应力集中产生剪切裂缝。

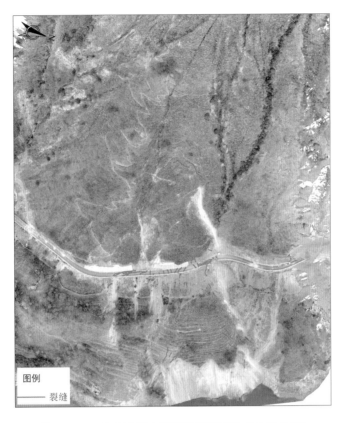

图 7.3.20　沈家沟蓄水期裂缝识别结果（11月7日）

7.4　软弱基座型——下小米地滑坡

7.4.1　滑坡特征与蓄水前识别分析情况

下小米地滑坡（图 7.4.1）位于金沙江左岸会东县满银沟镇下小米地村，距坝址河道距离约 101.5km。金沙江在此处流向呈 N 转向为近 E 向，江面高程 720m，河谷较为狭窄，为不对称 U 形谷。该滑坡呈近北走向，陡缓交替，总体呈下陡上缓之势，滑坡平面形态呈舌形，滑坡长、宽均约 600m，面积约 $36 \times 10^4 m^2$。该滑坡在蓄水至 810m 时发生了整体变形，下面对该滑坡在蓄水前的识别和地质预测情况进行说明。

在蓄水前通过光学遥感影像图（图 7.4.2）遥感解译出下小米地滑坡，从影像上可以清晰地看出该滑坡的平面形态呈舌形，上窄下宽。滑坡两侧以冲沟为界，沟谷狭窄，沟床陡峭，坡度 25°～34°。

图 7.4.1　下小米地滑坡全貌照片

图 7.4.2　下小米地滑坡影像图

　　该岸段位于研究区之外，因此并未对该区域进行蓄水期滑坡预测分析。但是通过分析该滑坡的工程地质剖面图（图 7.4.3）可以推断：该处滑坡在蓄水期的危险性是极高的，在蓄水作用下有发生整体滑动破坏的可能。原因在于：下小米地滑坡所在岸坡为一反倾岩质边坡。斜坡前缘主要由较破碎的千枚岩组成。这类岩体完整性较差，在库水的浸没作用下容易发生软化作用，从而发生变形破坏。此后的蓄水期，该滑坡在蓄水至 810m 水位时发生变形，说明了地质预测的有效性。

7.4.2　蓄水期 InSAR 识别与动态监测

　　为了在蓄水期提前识别该滑坡的变形，研究中采用 D-InSAR 技术对其进行了重点监测。通过 D-InSAR 结果（图 7.4.4）可以发现从 2021 年 10 月 6 日到 2021 年 10 月 18 日

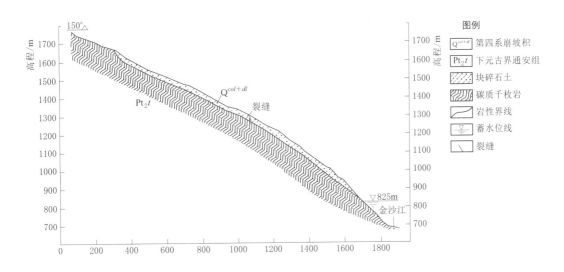

图 7.4.3 下小米地库岸工程地质剖面图

这 13 天里，下小米地滑坡在短时间内的形变量小，D-InSAR 技术无法对其进行识别。但在后续的 12 天里，可从 D-InSAR 结果中发现：在滑坡前缘偏中部位置出现明显形变，且形变量级较大，形变面积较大。而在 11 月 1 日在该滑坡上发现两处裂缝，由此说明 D-InSAR 可提前识别该滑坡的变形。

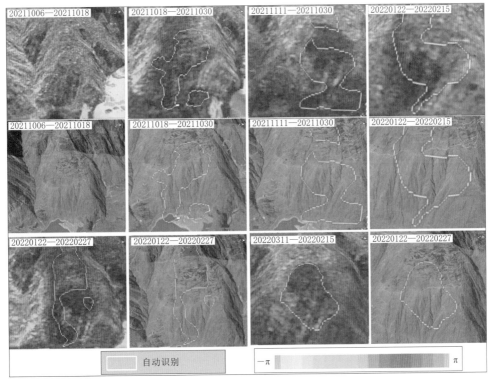

图 7.4.4 下小米地蓄水期 D-InSAR 智能识别

　　下小米地滑坡的年平均形变速率如图 7.4.5 所示。图中圆点代表 InSAR 监测有效相干点，点颜色代表年平均形变速率，其中亮色彩（红色、橙色）代表显著的远离卫星视线运动；绿色代表较为稳定的区域，具体量级如图中颜色条所示。滑坡前缘的形变量最大，其形变速率为大于 10cm/a。在滑坡中部时序 InSAR 失相干严重，根据前文的 D - InSAR 反映该处是在短时间内最早发生明显形变的地方，由此推断该处的失相干现象是由于其形变量过大导致的，在现场调查中也发现在滑坡中部最早出现变形。

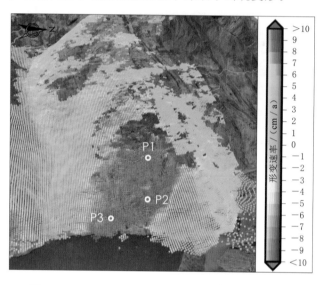

图 7.4.5　下小米地滑坡蓄水期时序 InSAR 形变速率
（2021 年 4 月—2021 年 10 月）

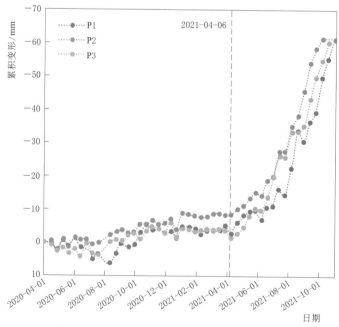

图 7.4.6　下小米地滑坡 InSAR 变形时间序列

　　图 7.4.6 展示了 3 处位于变形区域内的特征点的时间序列变形曲线。时序结果表明该滑坡在蓄水前就在发生缓慢的蠕变，只是由于形变量较小，形变速率最高只有 - 10 mm/a。但当水位蓄至其前缘时（滑坡前缘高程 710m；2021 年 4 月 20 日水位 710m），可以发现该滑坡的形变量在大幅度地增加，但其形变量依旧小于研究中 D - InSAR 技术的识别阈值，因此 D - InSAR 技术无法更早地观测到该滑坡的变形。由此说明在蓄水期为了更早地将水库滑坡识别，应该将 D - InSAR 技术和时序 InSAR 技术相结合对库岸滑坡进行识别。

参 考 文 献

白光顺，杨雪梅，朱杰勇，等，2022. 基于证据权法的昆明五华区地质灾害易发性评价 [J]. 中国地质灾害与防治学报，33（5）：128-138.

葛大庆，2018. 地质灾害早期识别与监测预警中的综合遥感应用 [J]. 城市与减灾，（6）：53-60.

葛大庆，戴可人，郭兆成，等，2019. 重大地质灾害隐患早期识别中综合遥感应用的思考与建议 [J]. 武汉大学学报（信息科学版），44（7）：949-956.

郭晨，许强，彭双麒，等，2020. 无人机摄影测量技术在金沙江白格滑坡应急抢险中的应用 [J]. 灾害学，35（1）：203-210.

何敬，唐川，王帅永，等，2017. 无人机影像在地质灾害调查中的应用 [J]. 测绘工程，26（5）：40-45.

何书，鲜木斯艳·阿布迪克依木，胡萌，等，2022. 基于自组织特征映射网络-随机森林模型的滑坡易发性评价：以江西大余县为例 [J]. 中国地质灾害与防治学报，33（1）：132-140.

黄发明，石雨，欧阳慰平，等，2022. 基于证据权和卡方自动交互检测决策树的滑坡易发性预测 [J]. 土木与环境工程学报（中英文），44（5）：16-28.

巨袁臻，2017. 基于无人机摄影测量技术的黄土滑坡早期识别研究：以黑方台为例 [D]. 成都：成都理工大学.

李文彦，王喜乐，2020. 频率比与信息量模型在黄土沟壑区滑坡易发性评价中的应用与比较 [J]. 自然灾害学报，29（4）：213-220.

李坤，赵俊三，林伊琳，等，2022. 基于 RF 和 SVM 模型的东川泥石流易发性评价研究 [J]. 云南大学学报（自然科学版），44（1）：107-115.

梁京涛，铁永波，赵聪，等，2020. 基于贴近摄影测量技术的高位崩塌早期识别技术方法研究 [J]. 中国地质调查，7（5）：107-113.

廖明生，王腾，2014. 时间序列 InSAR 技术与应用 [M]. 北京：科学出版社.

刘璐瑶，高惠瑛，2023. 基于证据权与 Logistic 回归模型耦合的滑坡易发性评价 [J]. 工程地质学报，31（1）：165-175.

刘广全，2015. 基于 SBAS-InSAR 的丹巴县滑坡探测与监测 [D]. 西安：长安大学.

刘国祥，张波，张瑞，等，2019. 联合卫星 SAR 和地基 SAR 的海螺沟冰川动态变化及次生滑坡灾害监测 [J]. 武汉大学学报（信息科学版），44（7）：980-995.

罗路广，裴向军，黄润秋，等，2021. GIS 支持下 CF 与 Logistic 回归模型耦合的九寨沟景区滑坡易发性评价 [J]. 工程地质学报，29（2）：526-535.

彭大雷，许强，董秀军，等，2017. 无人机低空摄影测量在黄土滑坡调查评估中的应用 [J]. 地球科学进展，32（3）：319-330.

阮崇武，2015. 基于图像的道路裂缝检测与分类算法研究 [D]. 武汉：华中科技大学.

石菊松，吴树仁，石玲，2008. 遥感在滑坡灾害研究中的应用进展 [J]. 地质论评，（4）：505-514，579.

田述军，张珊珊，唐青松，等，2019. 基于不同评价单元的滑坡易发性评价对比研究 [J]. 自然灾害学报，28（6）：137-145.

王青山，2010. 简述无人机在遥感技术中的应用 [J]. 测绘与空间地理信息，33（3）：100-101，104.

王志浩，党进谦，郭钊，2021. 基于 Scoops 3D 模型的库岸边坡稳定性研究 [J]. 中国农村水利水电，

（12）：155－161.

王雪冬，张超彪，王翠，等，2022. 基于 Logistic 回归与随机森林的和龙市地质灾害易发性评价［J］. 吉林大学学报（地球科学版），52（6）：1957－1970.

吴明堂，崔振华，易小宇，等，2023. 白鹤滩库区象鼻岭-野猪塘段地质灾害综合遥感识别［J］. 长江科学院院报，40（4）：155－163.

许强，董秀军，李为乐，2019. 基于天-空-地一体化的重大地质灾害隐患早期识别与监测预警［J］. 武汉大学学报（信息科学版），44（7）：957－966.

许强，汤明高，徐开祥，等，2008. 滑坡时空演化规律及预警预报研究［J］. 岩石力学与工程学报，（6）：1104－1112.

臧克，孙永华，李京，等，2010. 微型无人机遥感系统在汶川地震中的应用［J］. 自然灾害学报，19（3）：162－166.

曾涛，杨武年，简季，2009. 无人机低空遥感影像处理在汶川地震地质灾害信息快速勘测中的应用［J］. 测绘科学，34（S2）：64－65，55.

张艳玲，南征兵，周平根，2012. 利用证据权法实现滑坡易发性区划［J］. 水文地质工程地质，39（2）：121－125.

郑海益，崔慧斌，李仁江，等，2021. 溪洛渡水电站库区黄坪滑坡过程及成因分析［J］. 人民长江，52（S1）：93－95.

周洁萍，龚建华，王涛，等，2008. 汶川地震灾区无人机遥感影像获取与可视化管理系统研究［J］. 遥感学报，（6）：877－884.

BERARDINO P，FORNARO G，LANARI R，et al，2002. A new algorithm for surface deformation monitoring based on small baseline differential SAR Interferograms［J］. IEEE Transactions on Geoscience and Remote Sensing，40（11）：2375－2383.

CIGNA F，BATESON L B，JORDAN C J，et al，2014. Simulating SAR geometric distortions and predicting Persistent Scatterer densities for ERS－1/2 and ENVISAT C－band SAR and InSAR applications：Nationwide feasibility assessment to monitor the landmass of Great Britain with SAR imagery［J］. Remote Sensing of Environment，152：441－466.

DAI K，XU Q，LI Z，et al，2019. Post－disaster assessment of 2017 catastrophic Xinmo landslide (China) by spaceborne SAR interferometry［J］. Landslides，16（6）：1189－1199.

FERRETTI A，PRATI C，ROCCA F，2000. Nonlinear subsidence rate estimation using permanent scatterers in differential SAR interferometry［J］. IEEE Transactions on Geoscience and Remote Sensing，38（5）：2202－2212.

FRANCESCHETTI G，LANARI R，1999. Synthetic aperture radar processing［M］. CRC press.

FERRETTI A，PRATI C，ROCCA F，2001. Permanent scatterers in SAR interferometry［J］. IEEE Transactions on Geoscience and Remote Sensing，39（1）：8－20.

FRUNEAU B，ACHACHE J，DELACOURT C，1996. Observation and modelling of the Saint－Étienne－de－Tinée landslide using SAR interferometry［J］. Tectonophysics，265（3－4）：181－190.

FIORUCCI F，CARDINALI M，CARLÀ R，et al，2011. Seasonal landslide mapping and estimation of landslide mobilization rates using aerial and satellite images［J］. Geomorphology，129（1－2）：59－70.

HE J，QIU H，QU F，et al，2021. Prediction of spatiotemporal stability and rainfall threshold of shallow landslides using the TRIGRS and Scoops3D Models［J］. Catena，197：104999.

HERRERA G，Gutiérrez F，García－Davalillo J C，et al，2013. Multi－sensor advanced DInSAR monitoring of very slow landslides：The Tena Valley case study (Central Spanish Pyrenees)［J］. Remote Sensing of Environment，128：31－43.

Hölbling D，Füreder P，ANTOLINI F，et al，2012. A Semi－Automated Object－Based Approach for

Landslide Detection Validated by Persistent Scatterer interferometry Measures and Landslide inventories [J]. Remote Sensing, 4: 1310 – 1336.

HUANG F, YAN J, FAN X, et al, 2022. Uncertainty pattern in landslide susceptibility prediction modelling: Effects of different landslide boundaries and spatial shape expressions [J]. Geoscience Frontiers, 13 (2): 101317.

HU X, WANG T, PIERSON T C, et al, 2016. Detecting seasonal landslide movement within the Cascade landslide complex (Washington) using time – series SAR imagery [J]. Remote Sensing of Environment, 187: 49 – 61.

Khan A, 2022. Comparative analysis and landslide susceptibility mapping of Hunza and Nagar Districts, Pakistan [J]. Arab J Geosci, 15: 1644.

LIANG R, DAI K, SHI X, et al, 2021. Automated Mapping of Ms 7. 0 Jiuzhaigou Earthquake (China) Post – Disaster Landslides Based on High – Resolution UAV Imagery [J]. Remote Sensing, 13 (7): 1330.

LI Z W, DING X L, HUANG C, et al, 2006. Modeling of atmospheric effects on InSAR measurements by incorporating terrain elevation Information [J]. Journal of Atmospheric and Solar – Terrestrial Physics, 68 (11): 1189 – 1194.

LIN W, YIN K, WANG N, et al, 2021. Landslide hazard assessment of rainfall – induced landslide based on the CF – SINMAP model: a case study from Wuling Mountain in Hunan Province, China [J]. Natural Hazards, 106: 679 – 700.

LIU R, LI L, PIRASTEH S, et al, 2021. The performance quality of LR, SVM, and RF for earthquake – induced landslides susceptibility mapping incorporating remote sensing imagery [J]. Arabian Journal of Geosciences, 14 (4): 259.

MEHRABI M, 2022. Landslide susceptibility zonation using statistical and machine learning approaches in Northern Lecco, Italy [J]. Natural Hazards, 111 (1): 901 – 937.

MERGHADI A, YUNUS A P, DOU J, et al, 2020. Machine learning methods for landslide susceptibility studies: A comparative overview of algorithm Performance [J]. Earth – Science Reviews, 207: 103225.

NACEUR H A, ABDO H G, IGMOULLAN B, et al, 2022. Performance assessment of the landslide susceptibility modelling using the support vector machine, radial basis function network, and weight of evidence models in the N'fis river basin, Morocco [J]. Geoscience Letters, 9: 39.

NAKANO T, WADA K, YAMANAKA M, et al, 2016. PRECURSORY SLOPE DEFORMATION AROUND LANDSLIDE AREA DETECTED BY INSAR THROUGHOUT JAPAN [J]. The International Archives of the Photogrammetry, Remote Sensing and Spatial Information Sciences, XLI – B1: 1201 – 1205.

NIETHAMMER U, JAMES M R, ROTHMUND S, et al, 2012. UAV – based remote sensing of the Super – Sauze landslide: Evaluation and results [J]. Engineering Geology, 128: 2 – 11.

NOTTI D, MEISINA C, ZUCCA F, et al, 2012. Models To Predict Persistent Scatterers Data Distribution And Their Capacity To Register Movement Along The Slope [C] // Fringe.

OTHMAN A, GLOAGUEN R, 2013. Automatic Extraction and Size Distribution of Landslides in Kurdistan Region, NE Iraq [J]. Remote Sensing, 5 (5): 2389 – 2410.

SHI X, YANG C, ZHANG L, et al, 2019. Mapping and characterizing displacements of active loess slopes along the upstream Yellow River with multi – temporal InSAR datasets [J]. Science of The Total Environment, 674: 200 – 210.

SUN Q, ZHANG L, DING X L, et al, 2015. Slope deformation prior to Zhouqu, China landslide from

InSAR time series analysis [J]. Remote Sensing of Environment, 156: 45 - 57.

TRAN T V, ALVIOLI M, LEE G, et al, 2018. Three - dimensional, time - dependent modeling of rainfall - induced landslides over a digital landscape: A case Study [J]. Landslides, 15 (6): 1071 - 1084.

VASUKI Y, HOLDEN E - J, KOVESI P, et al, 2014. Semi - automatic mapping of geological Structures using UAV - based photogrammetric data: An image analysis Approach [J]. Computers & Geosciences, 69: 22 - 32.

VIET T T, LEE G, THU T M, et al, 2017. Effect of Digital Elevation Model Resolution on Shallow Landslide Modeling Using TRIGRS [J]. Natural Hazards Review, 18 (2): 04016011.

WASOWSKI J, BOVENGA F, 2014. Investigating landslides and unstable slopes with satellite Multi Temporal Interferometry: Current issues and future Perspectives [J]. Engineering Geology, 174 (1): 103 - 138.

WEI X, WENKAI F, 2021. Application of Slope Radar (S - SAR) in Emergency Monitoring of the "11.03" Baige Landslide [J]. Mathematical Problems in Engineering, 2021: 1 - 12.

YI X, FENG W, LI B, et al, 2023. Deformation characteristics, mechanisms, and potential impulse wave assessment of the Wulipo landslide in the Baihetan reservoir region, China [J]. Landslides, 20: 615 - 628.

YI X, FENG W, WU M, et al, 2022. The initial impoundment of the Baihetan reservoir region (China) exacerbated the deformation of the Wangjiashan landslide: characteristics and mechanism [J]. Landslides, 19: 1897 - 1912.

ZEBKER H A, ROSEN P A, HENSLEY S, 1997. Atmospheric effects in interferometric synthetic aperture radar surface deformation and topographic maps [J]. Journal of Geophysical Research: Solid Earth, 102 (B4): 7547 - 7563.

ZHANG Y, MENG X M, DIJKSTRA T A, et al, 2020. Forecasting the magnitude of potential landslides based on InSAR Techniques [J]. Remote Sensing of Environment, 241: 111738.

ZISSIS T S, TELOGLOU I S, TERZIDIS G A, 2001. Response of a sloping aquifer to constant replenishment and to stream varying water Level [J]. Journal of Hydrology, 243 (3 - 4): 180 - 191.